教育部高等学校食品与营养科学教学指导委员会推荐教材

普通高等教育食品科学与工程类"十二五"规划实验教材

# 粮油食品加工及检验

江连洲 主编

中国林业出版社

## 内容简介

食品安全问题已成为社会热点问题，本书分为6个章节，介绍了粮油及其制品检验的实验方法，包括对粮油及其制品检验的一般规则，粮食加工及检验实验，植物油脂的生产及检验实验，粮食制品的加工及检验实验，植物蛋白提取、加工与利用实验，淀粉生产与转化实验。希望本书作为教科书或参考工具书，对于学习、研究和从事粮油及其制品加工、检验检疫与管理的人员起到指导和借鉴作用。

**图书在版编目（CIP）数据**

粮油食品加工及检验/江连洲主编．—北京：中国林业出版社，2012.8

普通高等教育食品科学与工程类"十二五"规划实验教材

ISBN 978-7-5038-6707-1

Ⅰ．①粮…  Ⅱ．①江…  Ⅲ．①粮食加工－高等学校－教材  ②食用油－油料加工－高等学校－教材  ③粮食－食品检验－高等学校－教材  ④食用油－食品检验－高等学校－教材  Ⅳ．①TS210.4 ②TS224③TS210.7

中国版本图书馆 CIP 数据核字（2012）第 184754 号

**中国林业出版社 · 教材出版中心**

**策划、责任编辑：**高红岩

**电话**83221489　83220109　　　　　　**传真**：83220109

**出版发行**　中国林业出版社(100009　北京市西城区德内大街刘海胡同7号)
　　　　　　E-mail：jiaocaipublic@163.com　　电话：(010)83224477
　　　　　　http：//lycb.forestry.gov.cn

**经　　销**　新华书店

**印　　刷**　中国农业出版社印刷厂

**版　　次**　2012年8月第1版

**印　　次**　2012年8月第1次印刷

**开　　本**　787mm×1092mm　1/16

**印　　张**　13.75

**字　　数**　310千字

**定　　价**　27.00元

# 普通高等教育食品科学与工程类"十二五"规划实验教材
## 编写指导委员会

**主任**　罗云波（中国农业大学食品科学与营养工程学院，教授）
**委员**　（按拼音排序）
　　　　陈宗道（西南大学食品科学学院，教授）
　　　　程建军（东北农业大学食品学院，教授）
　　　　迟玉杰（东北农业大学食品学院，教授）
　　　　江连洲（东北农业大学食品学院，教授）
　　　　李洪军（西南大学食品科学学院，教授）
　　　　李里特（中国农业大学食品科学与营养工程学院，教授）
　　　　廖小军（中国农业大学食品科学与营养工程学院，教授）
　　　　任发政（中国农业大学食品科学与营养工程学院，教授）
　　　　赵国华（西南大学食品科学学院，教授）
　　　　赵心怀（东北农业大学食品学院，教授）

# 《粮油食品加工及检验》编写人员

主　编　江连洲

副主编　李　杨　翟爱华　肖志刚

编　者　（按拼音排序）

黄雨洋（黑龙江广播电视大学）

胡少新（黑龙江省农业科学院玉米研究所）

江连洲（东北农业大学）

李　杨（东北农业大学）

任运宏（东北农业大学）

王玉军（黑龙江广播电视大学）

肖志刚（东北农业大学）

杨　勇（齐齐哈尔大学）

翟爱华（黑龙江八一农垦大学）

张　敏（东北农业大学）

左　锋（黑龙江八一农垦大学）

# 前　言

近年来，随着我国加入世界贸易组织，国内及国际间粮油贸易量的剧增以及加工技术的不断进步，对粮油品质检验和组成分析技术提出了新的挑战，迫切需要更加快速、准确、易普及的检验与分析技术。

本书汇集了国内外本学科领域最新的分析方法和检查技术，共包括6章内容：第一章概述了粮油检验的一般规则，教学目的，教学要求及实验室注意事项；第二章介绍了粮食加工及检验实验，包括粮食的色泽、气味、滋味的鉴定，还原糖和非还原糖的测定，大米的物理品质检测等；第三章介绍了植物油脂生产及检验实验，主要包括油脂的提取及含量的测定，植物油脂碘值的测定，油脂的酸败实验及过氧化值的测定等；第四章介绍了粮食制品的加工及检验实验，包括挂面规格检验，面条不整齐度与自然段条率测定等；第五章主要介绍植物蛋白提取、加工与利用实验，主要有大豆蛋白质的提取及测定，大豆蛋白质的功能性质，豆奶（豆浆）和豆奶饮料的加工、豆奶指标的测定；第六章介绍了淀粉生产与转化实验，包括玉米、马铃薯淀粉的提取及含量测定，淀粉糊化、老化性质测定，淀粉的热力学性质测定等。

本书编写的检验方法采用经典和现代仪器分析技术相结合，对提高粮油品种分析人员的粮油分析理论及操作技能及粮油资源合理开发加工有所帮助。本书覆盖面广，不仅可作为普通高等院校、高职高专学校食品专业的粮油加工学课程的实验教材，而且可作为中等职业技术学校以及粮油食品领域企事业单位技术人员的参考书。

在中国林业出版社的支持下，我们组织了多所高校和科研院所的多位专家、教授及老师，参与本书的编写工作，对本书进行整体策划和科学论证，以保证本书的系统性、完整性和实用性。本书由江连洲教授担任主编并负责统稿工作，由李杨老师、翟爱华教授、肖志刚教授担任副主编，参加编写人员都是多年从事粮油方面教学和科研工作的老师。具体编写人员及分工为：第一章由任运宏编写，第二章由李杨（实验一至实验十四）、黄雨洋（实验十五、实验十六）编写，第三章由黄雨洋（实验十七至实验二十三）、江连洲（实验二十四至实验二十七）、翟爱华（实验二十八、实验二十九）编写，第四章由翟爱华（实验三十）、肖志刚（实验三十一至实验三十三）、张敏（实验三十四至实验三十六）编写，第五章由左锋编写，第六章由左锋（实验四十二、实验四十三）、杨勇（实验四十四、实验四十五）、胡少新（实验四十六、实验四十七）、王玉军（实验四十八、实验四十九）编写。

本书编写过程中参考引用了兄弟院校、研究院所和有关单位出版的教材、资料和个人发表的论文，编者在此表示深深地谢意，同时要感谢张雅娜、王妍、王欢、王心刚、韩宗元、冯红霞、张妍同学在本书编写过程中给予的帮助与支持。

由于作者水平和经验有限，书中难免存在不妥之处，恳请专家、学者及读者批评指正。

编　者

2012 年 5 月

# 目　录

# 第一章 概　述

## 一、粮油检验的一般规则

### 1. 样品登记

样品必须登记。登记项目包括(但不限于)：样品编号、样品名称(种类、品种)、产地、代表数量、生产年度、贮存时间、扦样地点(车、船、仓库、堆垛)、包装或散装、扦样单位及人员姓名、扦样日期等。

### 2. 样品要求

(1)扦样应按有关规定执行。

(2)送检样品数量应能满足检验项目的要求，原则上不少于 2kg。

(3)根据检验项目的要求，选用适当的容器和包装运送、保存样品。

(4)运送、保存过程中必须采用适当措施(如密封、低温等)，防止样品损坏、丢失，避免可能发生的霉变、生虫、氧化、挥发成分的逸散及污染等。

(5)样品在检验结束后应妥善保存至少一个月，以备复检。对易发生变化的检验项目不予复检。对检验项目易发生变化的样品和易变质的样品不予保存，但事前应对送检方声明。

### 3. 检验方法选择

(1)一个检验项目有多个标准检验方法时，可根据检验方法的适用范围和实验室的条件选择使用。

(2)委托检验按委托方指定的检验方法或双方协商的检验方法进行检验。

(3)仲裁检验时，以标准中规定的仲裁方法进行检验；没有规定仲裁方法时，一个检验项目只有一个方法标准，则以该方法标准标明的第一法为仲裁方法；未标明第一法或一个检验项目有多个方法标准时，则由有关方协商确定仲裁方法。

### 4. 试剂要求

(1)检验用水，未注明其他要求时，系指蒸馏水或去离子水。未指明溶液用何种溶剂配制时，均为水溶液。

(2)检验中需用的试剂，除基准物质和特别注明试剂纯度要求外，均为分析纯；未指明具体浓度的硫酸、硝酸、盐酸、氨水，均指市售试剂规格的浓度。

(3)标准滴定溶液的制备按 GB/T 601—2002 执行，杂质测定用标准溶液的制备按 GB/T 602—2002 执行，实验中所使用的制剂及制品的制备按 GB/T 603—2002 执行。

(4)液体的滴：指蒸馏水自标准滴管流下一滴的量，在 20℃时，20 滴约 1mL。

### 5. 仪器设备要求

(1)所选仪器设备应符合标准中规定的量程、精度和性能要求。

(2)对涉及计量的仪器设备及量具(包括玻璃量具)应按国家有关规定进行检定或校准。

(3)玻璃量具和玻璃器皿应按有关要求洗净后使用。

(4)检验方法中所列仪器为主要仪器,实验室常用仪器可不列入。

**6. 检验要求**

(1)按照标准方法中规定的分析步骤进行检验。

①称取:用天平进行的称量操作,其准确度要求用数值的有效数位表示,如"称取20.0g"指称量准确至 ±0.1g,"称取20.00g"指称量准确至 ±0.01g。

②分析天平:用分析天平进行的称量操作,其准确度为 ±0.000 1g。

③恒量:在规定条件下,连续两次干燥或灼烧后的质量差不超过规定的范围。

④量取:用量筒或量杯取液体物质的操作。

⑤吸取:用移液管、刻度吸量管取液体物质的操作。

(2)为减少随机误差的影响,测试应进行平行试验,以获得相互独立的测定值,由相互独立的测定值得到可靠的最终测试结果。

(3)对测试存在本底以及需要计算检验方法的检出限时,应进行空白试验。

(4)判断分析过程是否存在系统误差,以及验证测试方法的可靠性、准确性时,应进行回收试验。

(5)对检验中可能存在的不安全因素(如中毒、爆炸、腐蚀、燃烧等)应有防护措施。

(6)主要粮食、油料质量检验程序参见附录 A。

**7. 原始记录和检验单**

(1)试样检验必须有完整的原始记录。原始记录应具有原始性、真实性和可追溯性。

(2)原始记录的内容包括(但不限于):样品编号、样品名称(种类、品种)、检验依据、检验项目、检验方法、环境温度和湿度、主要仪器设备(名称、型号、编号)、测试数据、计算公式和计算结果、检测人及校核人、检验日期。

(3)检验人员应按照原始记录正确填写质量检验单。

**8. 结果计算与处理**

(1)测定值的运算和有效数字的修约应符合 GB/T 8170—2008 的规定。

(2)最终测试结果

①重复性条件下,两次独立测试结果的绝对差与标准规定的允许差(重复性限 $r = 2.8 \times s_r$)相比较,如果两个测试结果的绝对差不大于允许差,以两个独立测试结果的平均值为最终测试结果。

②如果两个独立测试结果的绝对差大于允许差,则必须再进行2次独立测试,共获得4个独立测试结果。若4个独立测试结果的极差($X_{max} - X_{min}$)等于或小于允许差的1.3倍[或重复性临界极差 $C_r R_{95}(4) = 3.6 \times s_r$],则以4个独立测试结果的平均值作为最终测试结果;如果4个独立测试结果的极差($X_{max} - X_{min}$)大于允许差的1.3倍[或重复性临

界极差 $C_rR_{95}(4)=3.6\times s_r$]，则以 4 个独立测试结果的中位数作为最终测试结果。

③标准规定需要进行两次以上的独立测试时，其重复性临界极差 $C_rR_{95}(n)$ 计算最终测试结果。

（3）如果测试结果在方法的检出限以下，可用"未检出"表述测试结果，但应注明检出限数值。

（4）测试报告内容

①最终测试结果，并说明测试次数，是平均值还是中位数。

②样品的全部信息。

③采样方法（如果已知）。

④测试方法。

⑤标准没有具体说明的或者被认为是可选性的，以及所有可能影响结果的操作细节。

## 二、粮油食品加工及检验实验的特点

粮油食品加工及检验实验不同于基础课程的实验，基础课程面对的是基础科学，采用的方法是理论的、严密的，处理的对象通常是简单的、基本的甚至是理想的，而粮油加工及检验实验不仅包含基础科学，而且还面对复杂的实际问题和工程问题。对象不同，实验研究方法也必然不同，加工实验的困难在于变量多，涉及的物料千变万化，设备大小悬殊，实验工作量之大、之难是可想而知的。因此，不能把处理一般实验的方法简单地套用于粮油食品加工及检验实验。

## 三、实验教学目的

（1）培养学生从事实验研究的能力。

①对实验现象有敏锐的观察能力。

②运用各种实验手段正确地获取实验数据和实验现象，实事求是地得出结论，并能提出自己见解的能力。

③对所研究的问题具有旺盛的探索精神和创造力。

（2）使学生初步掌握一些有关粮油加工学的实验研究方法和粮油食品加工技术。为此，实验中也应力求接触一些新的技术和手段，以便能适应不断发展着的科学技术。

（3）培养学生运用所学的理论进行分析和解决问题的能力。使学生在理论与实验相结合的过程中，巩固和加深对某些基本原理的理解，进而在某些方面得到适当的充实和提高。

## 四、实验教学要求

"粮油食品加工及检验"侧重粮油理化检测数据及粮油食品加工工艺，而重点在于准确性、可靠性和技术实用性，这就要求实验者具有良好的实验习惯和操作技能。

（1）预习。进入实验室前应认真阅读实验指导书和有关参考资料，了解实验目的和要求，并预习实验内容，掌握实验的原理和方法。

（2）进行现场预习，了解实验装置，摸清实验流程、测试点、操作控制点，此外还须了解所使用的仪器和设备。

（3）严格规范的实验操作。要求认真细致地记录实验原始数据。操作中应能进行理论联系实际的思考。严格规范的实验操作并不会抑制学生的创造能力，学生可在实验方案上进行创新，但必须按照实验条件进行（可以微调），基本实验操作必须按照规范执行，这样才能保证完成实验，保证数据的可靠性。

（4）仔细观察实验过程：课程实验不可能大量重复，因此实验结果并不重要，关键是观察实验过程各个因素对实验结果的影响。评估自己实验技能不足并能提出改进，是对这些方法和原理的灵活应用。

（5）全面严谨的实验记录。在实验报告上，要反映实验条件、实验材料、实验原始数据记录、实验中间现象。

（6）保持实验场所的整洁卫生。学生养成保持实验室、实验台面整洁卫生的实验习惯，仪器试剂摆放有序，使用得心应手，可使实验内容一目了然，不易出错。实验结束要安排小组打扫卫生。

（7）发扬团队合作精神，培养科学实验态度。粮油加工及检验实验以个人动手为主，但也涉及共用仪器设备。因为许多实验与时间因素有关，这就需要团队配合有序、合作完成。实验人员首先要具有一种最基本的态度——实事求是的态度。

## 五、实验室安全

粮油加工实验室是粮油加工及检验课程实践教学中的重要场所。实验室安全是非常重要的。

### （一）实验室的分布

按照教学需要和学生人数、学校条件的具体要求，配备专职实验人员负责实验室的日常管理。粮油加工及检验实验室分为理化分析室、精密仪器室、加工实验室、药品室、预备室。

**1. 理化分析室**

理化分析室应具备良好的采光、通风条件，上下水通畅，电路齐全、安全，具有能容纳30人左右同时进行实验的场地面积。内放实验台桌（可单边或双边放置），每个学生拥有实验台桌的宽度不小于60cm，长度不小于100cm，两实验台桌之间的距离不小于130cm。每个学生有一套独立的实验基本仪器。应具备充足的洗涤池和水龙头，每个实验室配置1~2个洗眼器。另有公共场地放置公共仪器（如烘箱、冰箱等）。并具有通风橱、排气扇、电源插座、灭火器。

**2. 精密仪器室**

精密仪器室要求具有防震、防潮、防尘、防腐蚀、防燃爆等特点。温度应保持在

15～30℃，湿度在65%～75%。仪器台要稳固防震。仪器室具有独立的稳压电源。

### 3. 加工实验室

加工实验室是制作粮油食品的实验场所，应具有独立的稳压电源。特别要注意实验室的环境卫生，防虫鼠侵害。因此，要定期消毒和打扫卫生。

### 4. 药品室

药品室应具备良好的自然通风条件，干燥，光线不直接入射，温度应保持在15～30℃。

### 5. 预备室

预备室是试剂配制的场所。

## （二）实验室的安全

实验室危险包括：化学有毒气体、燃爆危险、机械伤害、电、水和其他放射性、微波、电磁辐射泄漏导致的危害。理化检测时可能会使用有毒、有腐蚀性甚至是易燃易爆的化学试剂，此外，实验过程中会接触到许多仪器设备，实验中经常进行加热、灼烧等明火或高温操作，还常常用到多种电器设备，检验人员如果操作不当或粗心大意，很容易发生火灾、触电外伤、中毒等危险事故，因此在使用时要注意人身安全。

为保证实验室的安全和人员健康，必须遵守以下实验室安全守则：

（1）进入实验室的所有人员必须有高度的安全意识，严格遵守实验室规章制度和操作规程。进入实验室要穿工作防护服，实验结束后要认真洗手、洗脸。要学习防护知识，发生意外必须立即报告老师，及时处理。

（2）了解各种试剂的性质，注意试剂的安全使用。有毒试剂应用专门的容器专门储放，有腐蚀性试剂的标签要注明，易燃易爆试剂要防止明火。取用和使用有毒、腐蚀性、刺激性药品时，尽可能戴橡皮手套和防护眼镜；瓶口不直接对人；小心轻放，保证不泄出污染，防止意外事故发生。

（3）实验室人员必须熟悉仪器设备的性能和使用方法，按规定进行操作。有残余有机溶剂的容器，不能直接放入烘箱，必须水浴蒸干。

（4）进行危险性实验，实验人员必须预先检查防护措施。实验过程中操作人员不得擅自离开，实验完成后立即做好清理工作，并做好记录。

（5）实验室配备消防器材，实验室人员必须掌握有关灭火知识和消防器材的使用方法。

（6）注意废旧试剂的回收和环保问题。

（7）在实验工作中，操作员应逐步培养遇到危险事故的应急处置能力。

# 第二章　粮食的加工及检验实验

## 实验一　粮食的色泽、气味、滋味的鉴定

### 一、实验目的
1. 掌握粮食色泽、气味、滋味的鉴定方法。
2. 对粮食、油料及粮食制品的色、香、味和形的优劣进行评定。

### 二、实验原理
　　正常的粮食、油料具有固有的色泽、气味和口味。通过色、气、味的鉴定，可以初步判断粮食、油料的新陈度和有无异常变化。

### 三、实验仪器与材料
**1. 实验仪器**
水浴锅，密闭容器。
**2. 实验材料**
小麦，黄豆等。

### 四、实验方法与步骤
**1. 色泽鉴定**
色泽是指子粒的颜色和光泽。
鉴定时，将试样置于散射光线下，肉眼鉴别全部样品的颜色和光泽是否正常。
**2. 气味鉴定**
气味鉴定是利用鼻子闻嗅样品，鉴别该粮食是否具有固有的气味。具体方法如下：
(1)取少量试样，嘴对试样哈气，立即嗅辨气味是否正常。
(2)将试样放入密闭器皿内，在60～70℃的温水浴中保温数分钟，取出，开盖嗅辨气味是否正常。
　　气味鉴定时要注意，检验场所应无烟味、臭味、香味、霉味和陈宿味等异味，必须保持场所空气清新。
**3. 滋味鉴定**
成品粮应做成熟食品，品尝其口味和滋味是否正常。

## 五、实验现象与结果

鉴定结果以"正常"或"不正常"表示，对不正常的应加以说明。

## 【思考与讨论】

1. 如何判断粮食、油料的新陈度和有无异常变化？
2. 如何鉴别全部样品的颜色和光泽是否正常？

# 实验二 还原糖和非还原糖的测定

## 实验目的

1. 掌握还原糖和非还原糖的测定方法。
2. 熟练掌握铁氰化钾法和费林试剂法。

# I 铁氰化钾法

## 一、实验原理

还原糖在碱性溶液中将铁氰化钾还原为亚铁氰化钾，本身被氧化为相应的糖酸。过量的铁氰化钾在乙酸的存在下，与碘化钾作用析出碘，析出的碘以硫代硫酸钠标准溶液滴定。通过计算氧化还原糖时所用去的铁氰化钾的量，查经验表得试样中还原糖的百分含量。

## 二、实验仪器、试剂与材料

### 1. 实验仪器

分析天平（分度值 0.000 1g），振荡器，磨口具塞三角瓶（100mL），量筒（50mL、25mL），移液管（5mL），玻璃漏斗，试管，铝锅，电炉（2 000W），三角瓶（100mL），微量滴定管（5mL 或 10mL）。

### 2. 实验试剂

（1）水 符合 GB/T 6682—2008 中三级水要求。

（2）95% 乙醇。

（3）乙酸缓冲液 将 3.0mL 冰乙酸、6.8g 无水乙酸钠和 4.5mL 密度为 1.84g/mL 的浓硫酸混合溶解，稀释至 1 000mL。

（4）12.0% 钨酸钠溶液 将 12.0g 钨酸钠（$Na_2WO_4 \cdot 2H_2O$）溶于 100mL 水中。

（5）0.1mol/L 碱性铁氰化钾溶液 将 32.9g 纯净干燥的铁氰化钾[$K_3Fe(CN)_6$]与 44.0g 碳酸钠（$Na_2CO_3$）溶于 1 000mL 水中。

（6）乙酸盐溶液 将 70g 纯氯化钾（KCl）和 40g 硫酸锌（$ZnSO_4 \cdot 7H_2O$）溶于 750mL 水中，然后缓慢加入 200mL 冰乙酸，再用水稀释至 1 000mL，混匀。

（7）10% 碘化钾溶液 称取 10g 纯碘化钾溶于 100mL 水中，再加 1 滴饱和氢氧化钠溶液。

（8）1% 淀粉溶液 称取 1g 可溶性淀粉，用少量水润湿调和后，缓慢倒入 100mL

沸水中，继续煮沸直至溶液透明。

(9) 0.1mol/L 硫代硫酸钠溶液    按 GB/T 601—2002 配制与标定。

**3. 实验材料**

大豆。

## 三、实验方法与步骤

**1. 样品液制备**

精确称取试样 5.675g 于 100mL 磨口三角瓶中。倾斜三角瓶以便所有试样粉末集中于一侧，用 5mL 乙醇浸湿全部试样，再加入 50mL 乙酸缓冲液，振荡摇匀后立即加入 2mL 钨酸钠溶液，在振荡器上混合振摇 5min。将混合液过滤，弃去最初几滴滤液，收集滤液于干净三角瓶中，此滤液即为样品测定液。另取一三角瓶不加试样，同上操作，滤液即为空白液。

**2. 还原糖的测定**

(1) 氧化    用移液管精确吸取样品液 5mL 于试管中，再精确加入 5mL 碱性铁氰化钾溶液，混合后立即将试管浸入剧烈沸腾的水浴中，并确保试管内液面低于沸水液面下 3~4cm，加热 20min 后取出，立即用冷水迅速冷却。

(2) 滴定    将试管内容物倾入 100mL 三角瓶中，用 25mL 乙酸盐溶液荡洗试管一并倾入三角瓶中，加 5mL 10% 碘化钾溶液，混匀后，立即用 0.1mol/L 硫代硫酸钠溶液滴定至淡黄色，再加 1mL 淀粉溶液，继续滴定直至溶液蓝色消失，记下用去硫代硫酸钠溶液体积($V_1$)。

(3) 空白试验    吸取空白液 5mL，代替样品液按(1)和(2)操作，记下消耗的硫代硫酸钠溶液体积($V_0$)。

**3. 非还原糖的测定**

分别吸取样品液及空白液各 5mL 于试管中，先在剧烈沸腾的水浴中加热 15min（样品液中非还原糖转化为还原糖），取出迅速冷却后，加入碱性铁氰化钾溶液 5mL，混匀后，再放入沸腾水浴中继续加热 20min，取出迅速冷却后，立即进行滴定，分别记下滴定样品液及空白液消耗硫代硫酸钠的体积($V_1'$，$V_0'$)。

## 四、实验现象与结果

**1. 还原糖含量的计算**

根据氧化样品液中还原糖所需 0.1mol/L 铁氰化钾溶液的体积查附录 B 中表 B.1，即可查得试样中还原糖（以麦芽糖计算）的质量分数。铁氰化钾溶液体积($V_3$) 按式(2-1)计算：

$$V_3 = \frac{(V_0 - V_1) \times c}{0.1} \tag{2-1}$$

式中：$V_3$——氧化样品液中还原糖所需 0.1mol/L 铁氰化钾溶液的体积，mL；

$V_0$——滴定空白液消耗 0.1mol/L 硫代硫酸钠溶液的体积，mL；

$V_1$——滴定样品液消耗 0.1mol/L 硫代硫酸钠溶液的体积，mL；

$c$——硫代硫酸钠溶液实际浓度，mol/L。

计算结果保留小数点后 2 位数字。

注：还原糖含量以麦芽糖计算。

**2. 非还原糖含量的计算**

非还原糖含量根据氧化样品液中总还原糖所需的 0.1mol/L 铁氰化钾溶液的体积（$V_4$），减去氧化样品液中还原糖所需的铁氰化钾溶液体积（$V_3$），最后再根据 $V_4 - V_3$ 的结果查附录 B 中 B.2，即可查得试样中非还原糖（以蔗糖计）的质量分数。铁氰化钾溶液的体积（$V_4$）按式（2-2）计算：

$$V_4 = \frac{(V_0{'} - V_1{'}) \times c}{0.1} \qquad (2-2)$$

式中：$V_4$——氧化样品液中总还原糖所需 0.1mol/L 铁氰化钾溶液体积，mL；

$V_0{'}$——滴定空白液消耗硫代硫酸钠溶液体积，mL；

$V_1{'}$——滴定样品液消耗硫代硫酸钠溶液体积，mL；

$c$——硫代硫酸钠溶液实际浓度，mol/L。

计算结果保留小数点后 2 位数字。

注：非还原糖含量以蔗糖计算。

# II  费林试剂法

## 一、实验原理

还原糖将费林试剂中的铜盐还原为氧化亚铜，加入过量的酸性硫酸铁溶液后，氧化亚铜被氧化为铜盐而溶解，而硫酸铁被还原为硫酸亚铁。高锰酸钾标准溶液滴定氧化作用后生成亚铁盐。根据高锰酸钾标准溶液消耗量，计算氧化亚铜含量，再查附录 B 中 B.3 得到还原糖的量。

## 二、实验仪器、试剂与材料

### 1. 实验仪器

天平（分度值 0.01g），粉碎磨，古氏坩埚（25mL），抽滤瓶（500mL），真空泵或水泵，烧杯（400mL），移液管（50mL），滴定管，容量瓶（250mL、1 000mL）。

### 2. 实验试剂

（1）费林试剂甲液  取硫酸铜（$CuSO_4 \cdot 5H_2O$）34.639g，加适量水溶解，加硫酸 0.5mL，再加水至 500mL，用精制石棉过滤。

（2）费林试剂乙液  取酒石酸钾钠 173g 与氢氧化钠 50g，加适量水溶解，稀释至

500mL，用精制石棉过滤，贮存于具橡皮塞的玻璃瓶内。

（3）3mol/L 盐酸　取浓盐酸 25mL，加水至 100mL。

（4）精制石棉　先用 3mol/L 盐酸将石棉浸泡 2～3d 后，用水洗净。再加 10%氢氧化钠溶液浸泡 2～3d，倾去溶液，用热费林试剂乙液浸泡数小时，用水洗净。再用 3mol/L 盐酸浸泡数小时，用水洗至不呈酸性，使之成为微细的软纤维，用水浸泡贮存于玻璃瓶内，作填充古氏坩埚用。

（5）0.1mol/L 高锰酸钾标准溶液　按 GB/T 601—2002 进行配制和标定。

（6）1.0mol/L 氢氧化钠溶液　取氢氧化钠 4.0g，加水溶解至 100mL。

（7）硫酸铁溶液　取硫酸铁 50g，加水 200mL 溶解，然后慢慢加入浓硫酸 100mL，冷却后加水至 1 000mL。

（8）6mol/L 盐酸　取浓盐酸 100mL，加水至 200mL。

（9）甲基红指示液　0.1%甲基红乙醇溶液。

（10）20%氢氧化钠溶液　取氢氧化钠 4.0g，加水溶解至 100mL。

### 3. 实验材料
大豆。

## 三、实验方法与步骤

### 1. 试样制备
取混合均匀的试样，用粉碎磨粉碎，使 90% 通过孔径 0.27mm（60 目）筛，合并筛上、筛下物，充分混合，保存备用。

### 2. 试样处理
称量试样 10～20g，精确至 0.01g，置于 250mL 容量瓶中，加水 200mL，在 45℃水浴中加热 1h，并不断振荡，待冷却后加水定容。静置后，吸取澄清液 200mL 置于另一250mL 容量瓶中，加费林试剂甲液 10mL 和 1.0mol/L 氢氧化钠溶液 4mL，摇匀后定容，然后静置 30min。用干燥滤纸过滤，弃去初滤液，其余滤液供测定还原糖和非还原糖用。

### 3. 还原糖测定
移取试样溶液 50mL 于 400mL 烧杯中，加入费林试剂甲、乙液各 25mL，加盖表面皿，置电炉上加热，并在 4min 内沸腾，再煮沸 2min，趁热用铺有石棉的古氏坩埚（或垂融坩埚）抽滤，并用 60℃热水洗涤烧杯和沉淀，至洗液不呈碱性为止。向古氏坩埚中加入硫酸铁溶液和水各 25mL，用玻璃棒搅拌，使氧化亚铜完全溶解，用前面使用过的烧杯收集溶液，以 0.1mol/L 高锰酸钾标准溶液滴定至微红色。同时取水 50mL，加费林试剂甲、乙液各 25mL，做试剂空白试验。

### 4. 非还原糖测定
吸取已制备的样品液 50mL，转移至 1 000mL 容量瓶中，加入 6mol/L 盐酸 5mL，在 68～70℃水浴中加热 15min，冷却后加甲基红指示液 2 滴，用 20%氢氧化钠溶液中和，加水至刻度，混匀，然后测定样品液中总还原糖。

### 四、实验现象与结果

#### 1. 还原糖的计算

相当于试样中还原糖质量的氧化亚铜质量按式(2-3)计算：

$$X = (V - V_0) \times c \times 71.54 \tag{2-3}$$

式中：$X$——相当于试样中还原糖质量的氧化亚铜的质量，mg；

$V$——试样消耗高锰酸钾标准溶液的体积，mL；

$V_0$——试样空白消耗高锰酸钾标准溶液的体积，mL；

$c$——高锰酸钾标准溶液的摩尔浓度，mol/L；

71.54——1mol/L高锰酸钾标准溶液1mL相当于氧化亚铜的毫克数。

还原糖干基含量($Y$)以质量分数(%)表示，按式(2-4)计算：

$$Y = \frac{62.5 \times m_1}{m \times (100 - W)} \tag{2-4}$$

式中：$m_1$——由附录B中B.3中查得的还原糖(以葡萄糖计)的质量，mg；

$m$——试样质量，g；

$W$——试样水分含量，%。

计算结果保留小数点后2位数字。

注1：煮沸时间应控制在4min内。可先取水50mL，加碱性酒石酸铜甲、乙液各25mL，调节好适当的火力后，再测样品液。

注2：煮沸后的溶液如不呈蓝色，表示糖量过高，可减少试样量，重新测定。

#### 2. 非还原糖的计算

非还原糖干基含量($Z$，以蔗糖计)以质量分数(%)表示，按式(2-5)计算：

$$Z = \frac{6\,250 \times 0.95 \times m_2}{m \times V \times (100 - W)} \tag{2-5}$$

式中：0.95——还原糖(以葡萄糖计)换算为蔗糖的因数；

$m_2$——转化后测得的还原糖(以葡萄糖计)质量，mg；

$m$——原测定还原糖时试样质量，g；

$V$——转化后用于测定还原糖的样品液的体积，mL；

$W$——试样水分含量，%。

计算结果保留小数点后2位数字。

### 【思考与讨论】

1. 铁氰化钾法和费林试剂法的原理是什么？
2. 铁氰化钾法和费林试剂法的适用范围是什么？

# 实验三　水分含量的测定

## 一、实验目的

1. 掌握水分测定的方法。
2. 学习近红外分析仪的使用方法。

## 二、实验原理

利用水分子中的 C—H、N—H、O—H、C—O 等化学键的泛频振动或转动对近红外光的吸收特性，用化学计量学方法建立稻谷近红外光谱与其水分含量之间的相关关系，计算稻谷样品的水分含量。

## 三、实验仪器与材料

### 1. 实验仪器

（1）近红外分析仪　加入粮油近红外分析网络酊梗器应符合 GB/T 24895—2010 的要求。未加入粮油近红外分析网络的仪器，应按照 GB/T 24895—2010 中有关定标模型验证的规定验证合格。

（2）样品粉碎设备（适用于测定粉状样品的近红外分析仪）　粉碎后样品的粒度分布和均匀性应符合近红外分析仪建立定标模型时的要求。使用时应采用和定标模型建立与验证时同样的制备过程。

### 2. 实验材料

稻谷（或糙米、大米）。

## 四、实验方法与步骤

### 1. 样品制备

按 GB 5491—2008 的方法对实验室样品进行分样，得到测试样品。将测试样品按 GB/T 5494—2008 的方法去除杂质、破碎粒和谷外糙米，制备净稻谷，或将净稻谷制备成糙米、大米测试样品。

### 2. 测定

（1）测定前的准备

① 预热和仪器自检，并用监控样品进行日常监测，在使用状态下每天至少用监控样品对近红外分析仪监测一次，监控样品的监控指标采用粗蛋白含量（干基）。监控样品的制备按附录 C 的规定执行。

② 应跟踪每天监测的结果，同一监控样品的粗蛋白含量测定结果与最初的测定结

果比较，应保证测定结果的绝对差小于 0.2%。

③ 如监控样品测定结果不符合②的要求，应停止使用，并报网络管理者或仪器供应商予以调整或维修。

④ 测试样品的温度应控制在定标模型验证规定的测试温度范围内。

（2）整粒样品的测定　按照近红外分析仪说明书的要求，取适量的稻谷（或糙米、大米）样品用近红外分析仪进行测定，记录测试数据。每个样品应测定两次。第一次测试后的样品应与原待测样品混匀后，再次取样进行第二次测定。

（3）粉碎样品的测定　按照近红外分析仪说明书的要求，取适量的稻谷（或糙米、大米）样品，使用规定的粉碎设备粉碎，将粉碎好的样品用近红外分析仪进行测定，记录测试数据。每个样品应测定两次。第一次测定后的样品应与原待测样品混匀后，再次取样进行第二次测定。

## 五、实验现象与结果

1. 为了得到有效的结果，测定结果应在仪器使用的定标模型所覆盖的水分含量范围内。

2. 两次测定结果的绝对差应符合要求，取两次数据的平均值，即为测定结果，测定结果保留小数点后 1 位数字。

3. 如果两个测定结果的绝对差不符合要求，则必须再进行 2 次独立测定，获得 4 个独立测定结果。若 4 个独立测定结果的极差（$X_{max} - X_{min}$）等于或小于允许差的 1.3 倍，则取 4 个独立测定结果的平均值作为最终测定结果；如果 4 个独立测定结果的极差（$X_{max} - X_{min}$）大于允许差的 1.3 倍，则取 4 个独立测定结果的中位数作为最终测定结果。

4. 对于仪器报警的异常测定结果，所得数据不应作为有效测定数据。

## 【思考与讨论】

1. 近红外法的适用范围及原理是什么？

2. 近红外仪的使用注意事项有哪些？

# 实验四　粗纤维素的测定

## 一、实验目的

1. 掌握粗纤维素的测定方法。
2. 了解粗纤维素的原理。

## 二、实验原理

用准确浓度的酸和碱，在特定条件下消煮样品，再用乙醇除去可溶物，经高温灼烧扣除矿物质的量，所余量为粗纤维。它不是一个确切的化学实体，只是在公认强制规定的条件下测出的概略成分，其中以纤维素为主，还有少量半纤维素和木质素。

## 三、实验仪器、试剂与材料

### 1. 实验仪器

(1)实验室用样品粉碎机。

(2)分样筛　孔径 1mm(18 目)。

(3)分析天平　感量 0.000 1。

(4)可调温电加热器。

(5)电热恒温箱　可控制温度在 130℃。

(6)高温炉　可控制温度 500～600℃。

(7)消煮器　有冷凝球的 600mL 高型烧杯或有冷凝管的三角瓶。

(8)抽滤装置　抽真空装置，吸滤瓶和漏斗(滤器使用 200 目不锈钢网或尼龙滤布)。

(9)古氏坩埚　30mL，预先加入酸洗石棉悬浮液 30mL(内含酸洗石棉 0.2～0.3g)再抽干，以石棉厚度均匀、不透光为宜。上下铺两层玻璃纤维有助于过滤；干燥器，以氯化钙或变色硅胶为干燥剂。

### 2. 实验试剂

(1)硫酸溶液(0.128 ±0.005)mol/L　用氢氧化钠标准溶液标定。

(2)氢氧化钠溶液。

(3)(0.313 ±0.005)mol/L　用邻苯二甲酸氢钾法标定。

(4)酸洗石棉。

(5)95% 乙醇。

(6)乙醚。

(7)正辛醇(防泡剂)。

**3. 实验材料**

大豆粉。

## 四、实验方法与步骤

**1. 试样制备**

将样品用四分法缩减至200g，粉碎，全部通过1mm筛，放入密封容器。

**2. 分析步骤**

称取 1~2g 试样，准确至 0.000 2g，用乙醚脱脂(含脂肪大于10%必须脱脂，含脂肪不大于10%可不脱脂)，放入消煮器，加准确浓度且已沸腾的硫酸溶液200mL和1滴正辛醇，立即加热，应使其在2min内沸腾，调整加热器，使溶液保持微沸，且连续微沸30min，注意保持硫酸浓度不变。试样不应离开溶液黏到瓶壁上。随后抽滤，残渣用沸蒸馏水洗至中性后抽干。用准确浓度且已沸腾的氢氧化钠溶液将残渣转移至原容器中并加至200mL，同样准确微沸30min，立即在铺有石棉的古氏坩埚上过滤，先用25mL硫酸溶液洗涤，残渣无损失地转移到坩埚中，用沸腾的蒸馏水洗至中性，再用15mL乙醇洗涤，抽干。将坩埚放入烘箱，于(130±2)℃下烘干2h，取出后在干燥器中冷却至室温，称重，再于(550±25)℃高温炉中灼烧30min，取出后于干燥器中冷却至室温后称重。

## 五、实验现象与结果

粗纤维按式(2-6)计算:

$$粗纤维 = \frac{m_1 - m_2}{m} \times 100\% \tag{2-6}$$

式中: $m_1$ ——130℃烘干后坩埚及试样残渣质量，g;

$m_2$ ——550℃(或500℃)灼烧后坩埚及试样残渣质量，g;

$m$ ——试样(未脱脂)质量，g。

重复性: 每个试样取两平行样进行测定，以算术平均值为结果。粗纤维含量在10%以下，绝对值相差0.4;粗纤维含量在10%以上，相对偏差为4%。

【思考与讨论】

氯化钙的作用是什么?

# 实验五　粮食、油料灰分含量的测定

## 实验目的
1. 学习灰分含量测定的方法。
2. 掌握550℃灼烧法和乙酸镁法适用范围。

## Ⅰ　550℃灼烧法

### 一、实验原理
根据灰化法的原理，即在空气自由流通下，以高温灼烧试样，使有机物质氧化成二氧化碳和水蒸气而蒸发，其中含有的矿物质元素生成氧化物残留下来，此残留物即为灰分。

### 二、实验仪器、试剂与材料
**1. 实验仪器**
高温电炉，感量0.0001g分析天平，18~20mL瓷坩埚，备有变色硅胶的干燥器，长柄和短柄坩埚钳，粉碎机。
**2. 实验试剂**
5g/L三氯化铁蓝墨水溶液。
**3. 实验材料**
大豆。

### 三、实验方法与步骤
**1. 坩埚处理**
先用三氯化铁蓝墨水溶液将坩埚编号，然后置于500~550℃高温炉内灼烧30~60min，取出坩埚，放在炉门口处，待红热消失后，放入干燥器内冷却至室温，称量，再灼烧、冷却、称量，直至前后两次质量差不超过0.0002g为止，即恒重($m_0$)。
**2. 测定**
用灼烧至恒重的坩埚称取粉碎试样2~3g($m$，准确至0.0002g)，放在电炉上，错开坩埚盖，加热至试样完全炭化为止。然后将坩埚放在高温炉口片刻，再移入炉膛内，错开坩埚盖，关闭炉门在500~550℃温度下灼烧2~3h。在灼烧过程中，可将坩埚位置调换1~2次，灼烧至黑点全部消失，变成灰白色为止，取出坩埚，放入干燥器内冷却至室温，称量。再灼烧 30min，称量，至恒重（$m_1$）为止。最后一次灼烧的质量如果增加，取前一次质量计算。

### 四、实验现象与结果

灰分（干基）含量按式（2-7）计算。

$$灰分（干基） = \frac{m_1 - m_0}{m} \times \frac{100}{(100 - M)} \times 100\% \qquad (2-7)$$

式中：$m_0$——坩埚质量，g；

$\quad\quad m_1$——坩埚和灰分质量，g；

$\quad\quad m$——试样质量，g；

$\quad\quad M$——试样水分，%。

双试验结果允许差不超过 0.03%，求其平均值，即为测定结果，测定结果取小数点后 2 位数字。

## 【注意事项】

1. 高温电炉的炉膛内各处温度有很大差别。对炉膛深 30cm、宽 20cm、高 15cm 带有自动控制温度装置的电炉内各处温度进行测定，设置温度为 600℃时，热电偶附近是（600±10）℃，中间部分是（590±10）℃，前面部分是（560±10）℃。上述温度差因电炉大小不同而不同，但是炉前部的温度比设定的温度低得多，所以最好不使用炉口附近部分。

2. 要对试样进行预炭化，是因为灰化条件是将试样置于达到规定温度的电炉内，如不经炭化而直接将试样放入，则因急剧灼烧，一部分灰分将飞散。

3. 有些试样即使完全灼烧，残灰也不一定全部是灰白色。例如，铁含量高的试样残灰呈褐色；锰、铜含量高的食品，残灰呈蓝绿色。有时即使残灰的表面呈白色，但灼烧不完全，内部仍残留有炭块，所以应注意观察残灰。

## Ⅱ 乙酸镁法

### 一、实验原理

同 550℃灼烧法的实验原理。

### 二、实验仪器、试剂与材料

**1. 实验仪器**

同 550℃灼烧法。

**2. 实验试剂**

乙酸镁乙醇溶液：称取 1.5g 乙酸镁溶于 100mL 95% 乙醇中。

**3. 实验材料**

大豆。

## 三、实验方法与步骤

**1. 坩埚处理**

将坩埚编号后，置于800～850℃高温炉内灼烧30min，冷却，称量，再灼烧、冷却、称量，直至恒重（$m_0$）。

**2. 测定**

用灼烧至恒重的坩埚称取粉碎试样2～3g（$m$），加入乙酸镁乙醇溶液3mL，静置3min，用蘸有乙醇的玻璃棒点燃，按照550℃灼烧法进行炭化。将坩埚送到高温炉膛口预热片刻，再移入炉膛内，错开坩埚盖，关闭炉门。在800～850℃温度下灼烧1h，待剩余物变成浅灰白色或灰色时，停止灼烧。取出坩埚置于炉门口处，待红色消失后移入干燥器内，冷却至室温称量（$m_1$）。

**3. 空白试验**

在已恒重的坩埚（$m_2$）中加入乙酸镁乙醇溶液3mL，用蘸有乙醇的玻璃棒点燃并炭化后，同上述操作进行灼烧取出冷却，称量（$m_3$）。

## 四、实验现象与结果

灰分（干基）含量按式（2-8）计算。

$$灰分（干基） = \frac{(m_1 - m_0) - (m_3 - m_2)}{m} \times \frac{100}{(100 - M)} \times 100\% \qquad (2-8)$$

式中：$m_0$——坩埚质量，g；

　　　$m_1$——灰分和坩埚质量，g；

　　　$m_2$——空白试验坩埚质量，g；

　　　$m_3$——氧化镁和坩埚质量，g；

　　　$m$——试样质量，g；

　　　$M$——试样水分，%。

此试验结果允许差和小数位数同550℃灼烧法。

## 【注意事项】

1. 谷物及其制品，磷酸一般过剩于阳离子，随着灰化的进行，磷酸将以磷酸二氢钾的形式存在，容易形成在比较低的温度下熔融的无机物，因而包裹了未灰化的炭，造成供氧不足，难以灰化完全，灰化需要相当长的时间，对于常规分析是不适宜的。为此，可采用提高温度的方法，将灰化温度增高至800～850℃，并且添加灰化辅助剂乙酸镁，在灰化过程中，镁盐随着灰化的进行而分解，与过剩的磷酸结合，可避免残灰熔融结块现象，成为白色松散状态，既能使试样灰化完全，又缩短灰化时间。

2. 3mL 乙酸镁溶液的氧化镁质量 0.008 5 ~ 0.009 0g，应以空白试验所得的氧化镁质量为依据。

## 【思考与讨论】

1. 乙酸镁法中镁盐有什么作用?
2. 550℃灼烧法中为什么要对试样进行预炭化?

# 实验六　无机成分测定

## 一、实验目的

1. 学会用火焰原子吸收光谱法测定样品中的无机成分。
2. 了解谷物中各种无机成分的含量。

## 二、实验原理

谷粒及谷物制品的样品经灰化后，用盐酸溶解，并稀释至合理的浓度范围，用原子吸收分光光度计测定其中各元素的吸收值，与标准比较定量。

如果测定钙元素含量，则用含铜的盐酸溶液稀释至适宜浓度。

## 三、实验仪器、试剂与材料

### 1. 实验仪器

原子吸收分光光度计，铜、镁、钙、铁、锌、锰等空心阴极灯，空气-乙炔火焰系统，高温炉，感量 0.000 1g 分析天平，调温电炉或电热板，石英或瓷坩埚(如采用瓷坩埚，瓷面应光滑、无裂釉、无裂纹)，500μL 微量移液管，容量瓶(100mL)，烧杯(250mL)，移液管(1mL、2mL、5mL、50mL)及其他玻璃仪器(用前必须用硝酸浸泡过夜)。

### 2. 实验试剂

(1)6mol/L 盐酸溶液　500mL 浓盐酸(相对密度 1.18)与 500mL 水混合。

(2)0.1mol/L 盐酸溶液。

(3)0.5mol/L 盐酸溶液。

(4)镧储备液(La 50g/L)　称取 58.65g 氧化镧($La_2O$ 99.99%)溶于 250mL 浓盐酸中，稀释至 1L。

(5)标准储备液的配制(配制时不得使用大于 2mL 的移液管和小于 25mL 的容量瓶)

①1 000μg/mL 铜标准溶液：溶解 1.000g 光谱纯铜片于少量硝酸中(5~10mL)，加 5mL 盐酸(相对密度 1.18)，蒸发至近干，用 0.1mol/L 盐酸稀释至 1L。

②1 000μg/mL 铁标准溶液：溶解 1.000g 光谱纯铁丝于 30mL 沸腾的 6mol/L 盐酸中，用 0.1mol/L 盐酸定容至 1L。

③1 000μg/mL 锰标准溶液：溶解二氧化锰($MnO_2$ 99.99%)于 30mL 6mol/L 盐酸中，沸腾驱氯数分钟，稀释至 1L。

④1 000μg/mL 锌标准溶液：溶解 1.000g 光谱纯金属锌于 10mL 6mol/L 盐酸中，稀释至 1L。

⑤1 000μg/mL 镁标准溶液：溶解 1.000g 光谱纯金属镁于 10mL 浓盐酸中，缓缓加入 50mL 水，溶解后用 0.1mol/L 盐酸稀释至 1L。

⑥25μg/mL 钙标准溶液：溶解 l.249g 光谱纯碳酸钙(CaCO₃ 99.99%)于少量 6mol/L 盐酸中，稀释至 1L。吸取该液 50mL，用 0.5mol/L 盐酸稀释至 1L。

(6)标准应用液配制

①钙标准应用液：吸取钙标准储备液 5mL、10mL、15mL、20mL，分别置于 25mL 容量瓶中，各加 5mL 镧储备液，用 0.5mol/L 盐酸定容至 25mL。

②其他元素标准应用液：用 0.1mol/L 盐酸稀释上述元素储备液使之形成 4 个浓度阶的标准溶液。要求每个元素的浓度均在仪器工作范围内。

**3. 实验材料**

大米，小麦等。

## 四、实验方法与步骤

**1. 样品制备**

(1)均匀选取待测样品于已清洗过的粉碎机中粉碎至全部通过孔径 0.45mm 筛，不得少于 50g，按照前述方法测定样品水分，所测结果以干基计。

(2)精密称取待测样品 10g 于坩埚中，在电炉上炭化至无烟。然后置于已预热的高温炉中 500℃ 灰化至无炭粒。如果灰化不完全，取出，冷却后加数滴浓硝酸润湿，于低温下干燥后重新灰化。

(3)取出已灰化后的样品(为了防止坩埚因骤冷而破裂，将坩埚先置于炉口处，待温度降低)。用 10mL 浓盐酸溶解残渣，于电炉上煮沸并蒸发至近干。

(4)加 0.5mol/L 盐酸 20mL 溶解残渣，快速过滤至 100mL 容量瓶中，用水充分洗涤滤纸和残渣，合并滤液，稀释至刻度，摇匀。·

(5)如果测定钙元素，应向溶液(加 0.5mol/L 盐酸 20mL 溶解残渣过滤至 100mL 容量瓶)中加入 20mL 镧储备液，使最终溶液含镧为 0.01g/mL。

**2. 测定**

(1)参照仪器说明书调整仪器至最佳状态。表 2-1 操作参数供参考。

表 2-1　操作参数

| 元素 | 波长/nm | 火焰类型 | 浓度范围/(μg/mL) | 备注 |
|---|---|---|---|---|
| 钙 | 422.7 | 空气-乙炔 | 2~10 | |
| 镁 | 258.2 | 空气-乙炔 | 0.2~2 | |
| 铜 | 324.7 | 空气-乙炔 | 2~10 | 1g/100mL(储备液) |
| 铁 | 248.3 | 空气-乙炔 | 2~10 | |
| 锰 | 279.5 | 空气-乙炔 | 2~10 | |
| 锌 | 213.8 | 空气-乙炔 | 0.5~5 | |

(2)取样品溶液在已调整完毕的仪器上吸喷该溶液，读取各待测元素的吸收值。在测定样品前后，应至少测定分析范围内4个标准溶液的吸光值2次。每次测定前，应吸喷水以清洗燃烧器，并且每次要确定吸收零点。

(3)由每个元素的标准溶液的平均吸光值来绘制浓度-吸收值标准曲线。

(4)根据测得样品的吸收值，于标准曲线上查出样品浓度，并计算。

## 五、实验现象与结果

结果计算以每克样品中含有Ca、Fe、Mg、Zn、Cu、Mn的微克数表示。样品中某元素含量按式(2-9)计算：

$$元素含量(\mu g/g) = \frac{(A - A_0) \times n}{m} \tag{2-9}$$

式中：$A$——为浓度-吸收值曲线中样品吸收值所对应的浓度，mol/L；

$A_0$——为浓度-吸收值曲线中空白吸收值所对应的浓度，mol/L；

$n$——稀释倍数；

$m$——称样质量，g。

试验结果保留小数点后1位数字。

双试验结果允许差不大于：钙，样品平均值的10%（相对差）；镁，样品平均值的10%（相对差）；铜，0.5μg/g（绝对差）；铁，4.0μg/g（绝对差）；锰，1.5μg/g（绝对差）；锌，1.5μg/g（绝对差）。

## 【注意事项】

1. 除硅硼玻璃外，玻璃含有较多的钠和锌，如果用玻璃容器保存溶液，可以从玻璃器皿中溶出钠、锌，所以，配制的样品溶液、标准溶液必须立即移入聚乙烯瓶。

2. 制备标准溶液的镁条，应置于干燥容器中保存。只要没有湿气，镁条表面产生的氧化镁薄膜就能保持稳定金属状态。

3. 制备锌标准溶液，将高纯度金属锌粉溶于6mol/L盐酸溶液中时，烧杯要用表面皿覆盖，以防产生氢气时溶液飞溅损失；然后用水洗涤表面皿，洗液并于容量瓶中。

4. 粮食、油料、食品和饲料样品如用湿法消化，有时将有部分油状物浮于液面。这些油状物含有多种元素，应彻底消解完全，避免损失。

干法灰化处理样品，碱性的残灰可使瓷器表面的釉溶解，钠也溶解而混入，使钠分析结果偏高；钾则因进入釉中而损失，使钾分析结果偏低。锌分析结果低于湿法，锌的损失与样品性质、锌的形态等有密切关系。铜分析结果高于湿法，铜在瓷坩埚中灰化时，有损失也有污染，其损失程度因样品而异。在痕量分析中，瓷坩埚的瓷釉中铜的污染常常使结果偏高。

粮油、食品、饲料中各种元素化合物形态比较复杂，因此样品处理方式——湿法消化或干法灰化对分析结果准确度的影响不可忽视。

5. 样品中磷化物在盐酸灰化试样溶液中全部成为磷脂。磷酸在乙炔-空气火焰中与钙生成耐火性化合物，因而使钙的原子吸收受到负干扰。为了除去这种干扰，可使用含有高浓度镧的试样溶液进行测定，因为镧比钙更易与磷酸生成耐火性化合物，将这样的试样溶液在乙炔-空气火焰中吸入喷雾，使钙原子化。

## 【思考与讨论】

无机成分测定时应该注意哪些因素？

# 实验七  容重测定

## 一、实验目的
1. 学会容重的测定方法。
2. 掌握影响容重的因素。

## 二、实验仪器与材料

### 1. 实验仪器

(1)感量 0.1g 天平。

(2)谷物选筛不同粮种选用的筛层规定如下

小麦：上层筛直径 4.5mm，下层筛直径
1.5mm；

高粱：上层筛直径 4.0mm，下层筛直径
2.0mm；

谷子：上层筛直径 3.5mm，下层筛直径
1.2mm。

(3)HGT 01000 型容重器  它是增设专用底
板的 61-71 型容重器。其主要构造由谷物筒、中
间筒、容量筒(1L)、排气砣、插片、衡器(小标
尺刻度 0~100g，大标尺刻度 0~900g，大小游
锤)、立柱、横梁支架、木箱、专用铁板底座等
部件组成(图 2-1)。

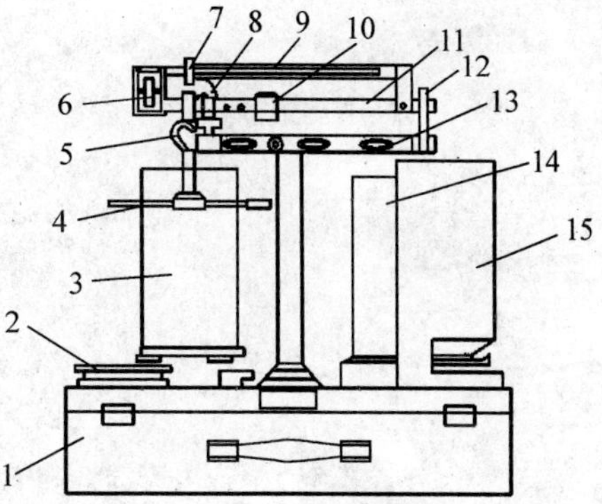

图 2-1  HGT 01000 型容重器示意图

1. 木箱  2. 排气砣  3. 容量筒  4. 插片  5. 挂
钩  6. 平衡锤  7. 小游锤  8. 大尺片  9. 小
标尺  10. 大游锤  11. 大标尺  12. 平衡指针
13. 衡量支架  14. 中间筒  15. 谷物筒

### 2. 实验材料

本实验可以采用小麦、高粱、谷子等为原料。从平均样品中分取试样约 1kg，依规
定的筛层分次进行筛选，取下层筛和上层筛筛上物，拣出空壳和比粮粒大的杂质后混匀
作为测定容重的试样。

## 三、实验方法与步骤

(1)打开箱盖，取出所有部件，盖好箱盖。

(2)在箱盖的插座上安装立柱，将横梁支架安装在立柱上，并用螺丝固定，再将不
等臂式双梁安装在支架上。

(3)将放有排气砣的容量筒挂在吊环上，将大、小游锤移至零点处，检查空载时的
零点，如不平衡，则转动平衡锤调整至平衡。

(4)取下容量筒，倒出排气砣，将容量筒安装在铁板底座上，插上插片，放上排气砣，套上中间筒。

(5)将制备的试样倒入谷物筒中，装满刮平，再将谷物筒套在中间筒上，打开漏斗开关，待试样全部落入中间筒后关闭漏斗开关，握住谷物筒与中间筒接合处，平稳地抽出插片，使试样与排气砣一同落入容量筒中，再将插片准确地插入豁口槽中，依次取下谷物筒，拿起中间筒和容量筒，倒净插片上多余的试样，抽出插片，将容量筒挂在吊环上称重。

(6)试验完毕，清理容器，然后将各部件依次放入箱内。

双试验结果允许差不超过3g/L，求其平均数，即为测定结果。

**【思考与讨论】**

谷物的容重测定需要注意哪些？

# 实验八 千粒重测定

## 一、实验目的

通过本实验学会自然水分千粒测定和干基试样千粒测定的方法及注意事项。

## 二、实验仪器与材料

### 1. 实验仪器

感量 0.01g 天平,谷粒计数器(如果没有合适的计数器也可用手工操作),分析盘,镊子等。

### 2. 实验材料

谷子,高粱,小麦等。

## 三、实验方法与步骤

### 1. 自然水分千粒重的测定

样品除去杂质后,用分样器或四分法分样,将试样分至大约 500 粒,挑出完整粒,数其粒数,准确称量,折算成 1 000 粒的质量。

### 2. 干基千粒重的测定

按 GB/T 5497—1985《粮食、油料检验 水分测定法》测定试样水分含量,同时按上述方法测定千粒重。

每份试样要进行 2 次测定。

## 四、实验现象与结果

自然水分千粒重按式(2-10)计算:

$$千粒重 = \frac{m_0}{N} \times 1\,000 \qquad (2-10)$$

式中:$m_0$——试样质量,g;

$N$——试样粒数。

干基试样千粒重按式(2-11)计算:

$$干基千粒重 = \frac{千粒重 \times (100 - M)}{100} \qquad (2-11)$$

式中:$M$——试样水分含量,%。

如果平行测定结果符合允许差要求时,以其算术平均值作为结果,否则,需重新取样测定,其结果以 g 为单位表示千粒重。

千粒重低于 10g 的，小数点后保留 2 位数字；千粒重等于或大于 10g，但不超过 100g 的，小数点后保留 1 位数字；千粒重大于 100g 的取整数。

允许差即同时或连续进行的两次测定结果之差，千粒重大于 25g 的，应不超过 6%，其他千粒重应不超过 10%。

## 【思考与讨论】

自然水分千粒重测定和干基试样千粒重测定对实际生产有什么指导意义？

# 实验九　不完善粒的测定

## 一、实验目的
了解不完善粒的种类及测定方法。

## 二、实验仪器与材料
**1. 实验仪器**
感量 0.01g 天平。
**2. 实验材料**
大豆等。

## 三、实验方法与步骤
在检验小样杂质的同时，按质量标准规定拣出不完善粒，称量($W_1$)。不完善粒含量按式(2-12)计算：

$$不完善粒(\%) = (100 - M) \times \frac{W_1}{W} \qquad (2-12)$$

式中：$W_1$——不完善粒质量，g；
　　　$W$——试样质量，g；
　　　$M$——大样杂质质量分数，%。
双试验结果允许差：大粒、特大粒不超过 1.0%，中小粒不超过 0.5%，求其平均数即为检验结果，检验结果取小数点后 1 位数字。

【思考与讨论】
如何区分不完善粒的种类?

# 实验十　纯粮率和杂质含量测定

## 实验目的
1. 熟悉和掌握纯粮率的测定方法。
2. 熟悉和掌握杂质检验技术。

# Ⅰ　纯粮率检验

## 一、实验仪器与材料

### 1. 实验仪器
天平(感量0.01g、0.1g)，谷物选筛或电动筛选器，分样器和分样板、分析盘，小盘，刀片，毛刷，镊子等。

### 2. 实验材料
本实验选用大豆、小麦等为原料。检验杂质的试样分大样、小样两种：大样是用于检验大样杂质，包括大型杂质和绝对筛层的筛下物；小样是从检验过大样杂质的样品中分出的少量试样，检验小样中所有杂质。

## 二、实验方法与步骤

### 1. 净粮纯粮率
按式(2-13)计算：

$$净粮纯粮率(\%) = \frac{W - \frac{1}{2}W_1}{W}$$ (2-13)

式中：$W_1$——不完善粒质量，g；

$W$——试样质量，g。

### 2. 毛粮纯粮率
按式(2-14)计算：

$$毛粮纯粮率(\%) = \frac{W - \left(W_2 + \frac{1}{2}W_1\right)}{W} \times 100$$ (2-14)

式中：$W_1$——不完善粒质量，g；

$W_2$——杂质质量，g；

$W$——试样质量，g。

结果取小数点后 1 位数字。

# Ⅱ　杂质测定

## 一、实验原理

利用杂质和被检样品子粒的大小、形状、颜色、构成等外部性状的不同，采用筛网筛选、感官判断等方法分离出杂质，称取杂质的质量，最后计算其含量。

## 二、实验仪器与材料

### 1. 实验仪器

天平(感量 0.01g、0.1g)，谷物选筛或电动筛选器，分样器和分样板、分析盘，小盘，刀片，毛刷，镊子等。

### 2. 实验材料

本实验选用大豆、小麦等为原料。检验杂质的试样分大样、小样两种：大样是用于检验大样杂质，包括大型杂质和绝对筛层的筛下物；小样是从检验过大样杂质的样品中分出的少量试样，检验小样中所有杂质。

## 三、实验方法与步骤

### 1. 筛选

(1) 电动筛选器法　按质量标准中规定的筛层套好(大孔筛在上，小孔筛在下，套上筛底)，按规定取试样放入筛上，盖上筛盖，放在电动筛选器上，接通电源，打开开关，选筛自动地向左向右各筛 1min(110~120r/min)，筛后静止片刻，将筛上物和筛下物分别倒入分析盘内。卡在筛孔中间的顺粒属于筛上物。

(2) 手筛法　按照上法将筛层套好，倒入试样，盖好筛盖。然后将选筛放在玻璃板或光滑的桌面上，用双手以 110~120 次/min 的速度按顺时针方向和逆时针方向各筛动 1min，筛动的范围掌握在选筛直径扩大 8~10cm。筛后的操作与上法同。

### 2. 大样杂质检验

从平均样品中，按规定称取试样($W$)，按筛选法分 2 次进行筛选(特大粒粮食、油料分 4 次筛选)，然后拣出筛上大型杂质和筛下物合并称重($W_1$)(小麦大型杂质在 4.5mm 筛上拣出)。

大样杂质含量按式(2-15)计算：

$$大样杂质(\%) = \frac{W_1}{W} \times 100 \qquad (2-15)$$

式中：$W_1$——大样杂质质量，g；

　　　$W$——大样质量，g。

双试验结果允许差不超过0.3%，求其平均数，即为检验结果。检验结果取小数点后1位数字。

**3. 小样杂质检验**

从检验过大样杂质的样品中，按照规定用量称取试样($W_2$)，倒入分析盘中，按质量标准规定拣出杂质称量($W_3$)。

小样杂质含量按式(2-16)计算：

$$小样杂质(\%) = (100 - M) \times \frac{W_3}{W_2} \qquad (2-16)$$

式中：$W_3$——小样杂质质量，g；

$W_2$——小样质量，g；

$M$——大样杂质百分率，%。

双试验结果允许差不超过0.3%，求其平均数，即为检验结果。检验结果取小数点后1位数字。

**4. 矿物质检验**

质量标准中规定有矿物质指标的(不包含米类)，从拣出的小样杂质中拣出矿物质称量($W_4$)。

矿物质含量按式(2-17)计算：

$$矿物质(\%) = (100 - M) \times \frac{W_4}{W_2} \qquad (2-17)$$

式中：$W_4$——矿物质质量，g；

$W_2$——小样质量，g；

$M$——大样杂质质量分数，%。

双试验结果允许差不超过0.1%，求其平均数，即为检验结果。检验结果取小数点后1位数字。

一般粮食和油料的杂质总量按式(2-18)计算：

$$杂质总量 = M + N \qquad (2-18)$$

式中：$M$——大样杂质质量分数，%；

$N$——小样杂质质量分数，%。

计算结果取小数点后1位数字。

**【思考与讨论】**

各种方法中都应注意哪些因素影响？

# 实验十一　大米的物理品质检测

## 实验目的

1. 熟悉和掌握大米的物理品质。
2. 熟悉和掌握出糙率、整精米率、粒型检验、新陈度鉴定、黄粒米及裂纹粒的检测、角质率、垩白粒率、垩白度、粒型长宽比的测定方法。

## I　出糙率测定

### 一、实验原理

采用实验砻谷机脱壳和手工脱壳相结合方式进行稻谷脱壳，然后采用感官检验方法检验糙米不完善粒。分别称量稻谷试样、糙米和不完善粒质量，计算出糙率。

### 二、实验仪器与材料

**1. 实验仪器**

天平(分度值0.01g)，分样器或分样板，谷物选筛(直径2.0mm圆孔筛)，实验砻谷机。

**2. 实验材料**

大米。

### 三、实验方法与步骤

从净稻谷试样中称取20~25g试样($m_0$)，精确至0.01g，先拣出生芽粒，单独剥壳，称量生芽粒糙米质量($m_1$)。然后将剩余试样用实验砻谷机脱壳，除去谷壳，称量砻谷机脱壳后的糙米质量($m_2$)，感官检验拣出糙米中不完善粒糙米，称量不完善粒糙米质量($m_3$)。

### 四、实验现象与结果

稻谷出糙率按式(2-19)计算：

$$X = \frac{(m_1 + m_2) - (m_1 + m_3)/2}{m_0} \times 100 \qquad (2-19)$$

式中：$X$——稻谷出糙率，%；

　　　$m_1$——生芽粒糙米质量，g；

$m_2$ ——砻谷机脱壳后的糙米质量，g；

$m_3$ ——不完善粒糙米质量，g；

$m_0$ ——试样质量，g。

在重复性条件下，获得的两次独立测试结果的绝对差值不大于 0.5%，求其平均数，即为测试结果，测试结果保留小数点后 1 位数字。

# Ⅱ　整精米率

## 一、实验原理

整精米是糙米碾成精度为国家标准一等大米时，米粒产生破碎，其中长度仍达到完整精米粒平均长度的 4/5 以上(含 4/5)的米粒。整精米率是整精米占净稻谷试样质量的百分率。整精米率是反映稻谷品质的重要项目，是稻谷定等项目之一。利用感官检验方法，从脱壳后的稻谷中挑出长度达到完整精米粒长度的 4/5 以上的米粒，称量后计算可得整精米率。

## 二、实验仪器与材料

### 1. 实验仪器
实验室用砻谷机，碾米机，天平(感量 0.01g)，谷物选筛，分析盘，镊子。

### 2. 实验材料
大米。

## 三、实验方法与步骤

称取净稻谷试样，经脱壳后称量糙米总量，然后从中称取一定量的糙米，用实验碾米机碾磨成国家标准一等大米的精度，除去糠粉，再拣出整精米粒，称量。

## 四、实验现象与结果

整精米率($X$)按式(2-20)计算：

$$X(\%) = \frac{m_3}{m_0 \times \frac{m_2}{m_1}} \times 100 \tag{2-20}$$

式中：$m_0$ ——稻谷试样总质量，g；

$m_1$ ——糙米总质量，g；

$m_2$ ——实验碾米机的最佳碾磨质量，g；

$m_3$ ——整精米粒质量，g。

## Ⅲ 粒型检验

### 一、实验原理

粒型(长宽比)是指完整精米粒长度与宽度的比值。其中，完整精米是稻谷经脱壳、碾磨成为符合 GB 1354—2009 规定的三等大米后，除胚外其余部分未破损的米粒。

### 二、实验仪器

测量板，直尺(mm)，镊子。

### 三、实验方法与步骤

随机取完整精米 10 粒，平放于测量板上，按照头尾相对的方式，紧靠直尺排成一行，读出长度。双试验测定差值不超过 0.5mm，求其平均值即为完整精米粒平均长度($L$)。

将测量过长度的 10 粒完整精米平放于测量板上，按照背腹相靠的方式排列，用直尺测量最宽处，读出宽度值。双试验测定的差值不超过 0.3mm，求其平均值即为完整精米粒平均宽度($W$)。

### 四、实验现象与结果

结果计算，稻谷粒型按式(2-21)计算：

$$D = \frac{L}{W} \tag{2-21}$$

式中：$D$——粒型；

$L$——完整精米粒平均长度，mm；

$W$——完整精米粒平均宽度，mm。

## Ⅳ 新陈度鉴定

### 一、实验原理

大米随贮存时间的延长，尤其是在高温季节，光泽减退、酸度增加；香味消失、黏性下降，蒸煮品质变差，这就是大米的陈化。新鲜大米是指保持最佳成熟度特性的大米，其特征是：脂肪等化学成分未被分解，蒸煮食用时具有新米的香气与黏性。

## 二、实验试剂与材料

### 1. 实验试剂

(1)1%愈创木酚溶液。

(2)3%过氧化氢溶液。

(3)2%对苯二胺溶液。

(4)甲基红。

(5)溴百里酚蓝。

(6)乙醇。

### 2. 实验材料

大米。

## 三、实验方法与步骤

### 1. 愈创木酚反应法

取大米试样 5g 置于试管中，加入 1%愈创木酚溶液 10mL，振动 20 次，将愈创木酚溶液移入另一个试管中。静置后，加入 1%过氧化氢溶液 3 滴，在静止状态下，观察愈创木酚显色程度。

### 2. 愈创木酚与对苯二胺并用法

取大米试样 50~100 粒置于试管中，加 1%愈创木酚溶液 4mL，振动后静置 2min。再加入 3%过氧化氢溶液 3~4 滴，振动后，加入 2%对苯二胺溶液 3mL，振动，静置后倒掉试管中溶液，用水冲洗大米试样进行观察。

### 3. 酸度指示剂法

(1)原液配制　取甲基红 0.1g、溴百里酚蓝 0.3g 溶于 150mL 乙醇内，加水稀释至 200mL，作为原液。

(2)判断全部试样的新陈度　将原液与水按 1:50 混合作为使用液。取大米试样 5g 加入 10mL 使用液，振动后观察溶液显色情况。

(3)判断新陈米混合比率　将原液与水按 1:4 混合，用碱液滴定，由红色调至黄色（残留黄色变为绿色的不行），作为使用液，取大米试样 20~100 粒加入 10mL 使用液内，振动后，待大米试样着色后立即用水冲洗，根据着色情况判断新陈度。

## 四、实验现象与结果

### 1. 愈创木酚反应法

如是新米，经过 1~3min，白浊的愈创木酚溶液从上部开始呈现浓赤褐色，陈米则完全不着色，如是新、陈米混合，新米所占比例大，则呈色反应快，而且呈浓赤褐色；如陈米比例大，则呈色反应慢，而且呈淡赤褐色。

### 2. 愈创木酚与对苯二胺并用法

新粮酶活力强，显色深；陈粮酶活力弱，显色慢而浅。

**3. 酸度指示剂法**

大米试样越新越绿，已氧化的由黄色变为橙色，随氧化情况呈现绿色、黄色、橙色。

## 【注意事项】

1. 指示剂的混合比例和原液稀释比例不是绝对的，可根据试样氧化程度酌情改变。

2. 本法是根据大米试样在贮藏中化学成分分解，必然引起酸碱度变化这个机理，利用其浸液中加入稀碱液能明显拉开新陈米 pH 值的差距。用原液对全部试样进行新陈度判断，良好的米为绿色，陈米为黄色。

3. 用使用液进行新陈混合比率检查，良好的米粒为蓝~绿，陈米为黄色。

4. 使用液中因含有稀氢氧化钠，放久后与空气中的 $CO_2$ 作用，对检验结果有一定的影响。因此，最好是现用现配。

5. 本法对新陈混合样的检出率可达 100%，方法可靠、准确、简便、快速、效率高，适于广大基层采用。

# V 黄粒米及裂纹粒的检测

## 一、实验仪器

小型碾米机。

## 二、实验方法与步骤

**1. 稻谷黄粒米检验**

稻谷经检验出糙率以后，将其糙米试样用小型碾米机碾磨至近似标准二等米的精度，除去糠粉，称重($W$)，作为试样质量，再按规定拣出黄粒米，称量($W_1$)。其结果按式(2-22)计算：

$$黄粒米(\%) = \frac{W_1}{W} \qquad (2-22)$$

式中：$W_1$——黄粒米质量，g；

$W$——试样质量，g。

双试验结果允许差不超过 0.3%，求其平均数，即为检验结果。检验结果取小数点后 1 位数字。

**2. 大米黄粒米检验**

分取大米试样约 50g，或在检验碎米的同时，按规定拣出黄粒米(小碎米中不检验黄粒米)，称量($W_1$)。大米黄粒米含量按式(2-23)计算：

$$黄粒米(\%) = \frac{W_1}{W} \qquad (2-23)$$

式中：$W_1$ ——黄粒米质量，g；

    $W$——试样质量，g。

双试验结果允许差不超过 0.3%，求其平均数，即为检验结果。检验结果取小数点后 1 位数字。

**3. 裂纹粒检验**

在检验稻谷出糙率后，不加挑选地取整粒糙米 100 粒，用放大镜进行鉴别，拣出有裂纹的米粒，拣出的粒数，即为裂纹粒的质量分数(%)。

# Ⅵ 角质率检验

## 一、实验仪器

谷物透视器，镊子，刀片。

## 二、实验方法与步骤

在测定出糙率后的糙米(或大米)中，随机取出整米 100 粒，置于谷物透视器上观察米粒角质(透明)部分占糙米体积的比例，逐粒观察，必要时可用刀片切断米粒帮助判断，也可将糙米碾成白米，再随机拣出整米 100 粒，逐粒直接观察。角质部分占整米的比例按以下 5 类分别归属计算粒数：

整米全部为角质，其粒数为 $A$。

角质部分占整米粒的 3/4～1，其粒数为 $B$。

角质部分占整米粒的 1/2～3/4，其粒数为 $C$。

角质部分占整米粒的 1/4～1/2，其粒数为 $D$。

角质部分占整米粒的比例小于 1/4，其粒数为 $E$。

## 三、实验现象与结果

角质率按式(2-24)计算：

$$角质率(\%) = 1 \times A + 0.875 \times B + 0.625 \times C + 0.375 \times D + 0.125 \times E$$

$$(2-24)$$

双试验结果允许差不超过 3%，求其平均数，即为测定结果，结果取整数。

## VII 垩白粒率

### 一、实验原理

垩白是指米粒胚乳中的白色不透明部分。根据其发生部位的不同，又可分为腹白粒、心白粒、乳白粒、基白粒和背白粒等。腹白粒即米粒腹部有垩白，其主要成因是由于与糊粉层相连接的数层胚乳细胞淀粉积累不良，淀粉粒间有空隙所致；心白粒米粒中心部位呈白色不透明，由于米粒从背部至腹部的经线上的胚乳细胞变为扁平，淀粉充实不良形成不透明状，而其外围四周则充实良好，心白粒的外观和食味不良；乳白粒米粒全部呈乳白色，粒面有光泽，其不透明部分处于胚乳内部，外部被半透明胚乳包围，有的乳白粒不透明部偏于腹侧，看上去类似腹白粒，但其半透明部分即白色部分的界线与腹白粒不同，即表现不明显。乳白粒碾米时易碎，粉质粮食用品质变劣，商品外观降低；基白粒米粒基部不充实形成白色不透明，其不透明部分接近表面，无光泽，碾米时易碎，降低出米率；背白粒是沿米的背沟上有条状垩白的子粒，是由于沿着背部管束的数层胚乳细胞中淀粉不充实变为白色不透明之故。

### 二、实验仪器

测量板。

### 三、实验方法与步骤

从稻谷精米试样中随机数取整精米 100 粒左右($n$)，拣出有垩白的米粒($n_1$)，按式 (2-25)求出垩白粒率：

$$垩白粒率(\%) = \frac{n}{n_1} \times 100 \qquad (2-25)$$

重复 1 次，取 2 次测定的平均值，即为垩白粒率。

## VIII 垩白度

### 一、实验原理

由于垩白粒含量的多少和垩白的程度直接影响稻谷的外观和品质，所以在优质稻谷的国家标准中规定了垩白粒率、垩白度的限制指标。垩白粒率是指有垩白的米粒占整个米样粒数的百分率。垩白度是指垩白米的垩白面积总和占试样米粒面积总和的百分比。

### 二、实验仪器与设备

测量板。

### 三、实验方法与步骤

随机取 10 粒垩白米粒（不足 10 粒者按实有数取），将米粒平放，正视观察，逐粒目测垩白面积占整个子粒投影面积的百分率，求出垩白面积的平均值。重复 1 次或 2 次测定，结果取其平均值为垩白度大小。

垩白度按式（2-26）计算：

$$垩白度（\%）= 垩白粒 \times 垩白大小 \tag{2-26}$$

## IX 粒形长宽比

### 一、实验原理

粒形长宽比是指稻谷米粒长与粒宽的比值。粒形通常作为稻谷分类的标志，也是稻谷品质和品种特征之一；对籼稻谷来说，粒形越是狭长，越是优良品种，其食用品质越好。优质稻谷的国家标准中，对籼稻谷的粒形长宽比规定为大于或等于 2.8。

### 二、实验仪器

测量板。

### 三、实验方法与步骤

随机数取完整无损的精米（精度为国家标准一等）10 粒，平放于测量板上，按照头对头、尾对尾、不重叠、不留隙的方式，紧靠直尺摆成一行，读出长度。

将测量过长度的 10 粒精米，平放于测量板上，按照同一方向肩靠肩（即宽度方向）排列，用直尺测量，读出宽度。双试验差不超过 0.3mm，求其平均值，即为精米宽度。

结果计算：

$$长宽比 = 长度/宽度。$$

### 【思考与讨论】

1. 大米物理品质检测都包括哪些测定？
2. 大米物理品质检测中分别采用什么方法？

# 实验十二  面筋的测定

## 实验目的

1. 了解测定湿、干面筋的意义。
2. 掌握测定湿、干面筋不同方法的原理。
3. 学会湿、干面筋实验方法。

# I  手洗法测定湿面筋

## 一、实验原理

小麦粉、颗粒粉或全麦粉加入氯化钠溶液制成面团，静置一段时间以形成面筋网络结构。用氯化钠溶液手洗面团，去除面团中淀粉等物质及多余的水，使面筋分离出来。

## 二、实验仪器、试剂与材料

### 1. 实验仪器

玻璃棒或牛角匙，移液管（25mL），烧杯（250mL、100mL），挤压板（9cm×16cm，厚3~5cm 的玻璃板或不锈钢板，周围贴0.3~0.4mm 胶布（纸），共2块），带下口的玻璃瓶（5L），表面光滑的薄橡胶手套，带筛绢的筛具（30cm×40cm，底部绷紧 CQ20 号绢筛，筛框为木质或金属），秒表，天平（感量0.01g），毛玻璃盘（约40cm×40cm），小型实验磨。

### 2. 实验试剂

（1）20g/L 氯化钠溶液  将200g 氯化钠（NaCl）溶解于水中配制成10L 溶液。

（2）碘化钾/碘溶液（Lugol 溶液）  将2.54g 碘化钾（KI）溶解于水中，加入1.27g 碘（$I_2$），完全溶解后定容至100mL。

除非有特别说明，所用试剂均为分析纯。水为蒸馏水、去离子水或同等纯度的水。

### 3. 实验材料

小麦粉。

## 三、实验方法与步骤

### 1. 准备工作

待测样品和氯化钠溶液应至少在测定实验室放置一夜，待测样品和氯化钠溶液的温度应调整到20~25℃。

**2. 称样**

称量待测样品10g(换算成14%水分含量)准确至0.01g,置于小搪瓷碗或100mL烧杯中,记录为$m_1$。

**3. 面团制备和静置**

(1)用玻璃棒或牛角匙不停搅动样品的同时,用移液管一滴一滴地加入4.6~5.2mL氯化钠溶液。

(2)拌和混合物,使其形成球状面团,注意避免造成样品损失,同时黏附在器皿壁上或玻璃棒或牛角匙上的残余面团也应收到面团球上。

(3)面团样品制备时间不能超过3min。

**4. 洗涤**

将面团放在手掌中心,用容器中的氯化钠溶液以约50mL/min的流量洗涤8min,同时用另一只手的拇指不停地揉搓面团。将已经形成的面筋球继续用自来水冲洗、揉捏,直至面筋中的淀粉洗净为止(洗涤需要2min以上,测定全麦粉面筋时应适当延长时间)。

当从面筋球上挤出的水无淀粉时表示洗涤完成。为了测试洗出液是否无淀粉,可以从面筋球上挤出几滴洗涤液到表面皿上,加入几滴碘化钾/碘溶液,若溶液颜色无变化,表明洗涤已经完成。若溶液颜色变蓝,说明仍有淀粉,应继续进行洗涤直至检测不出淀粉为止。

注:上述操作应该在带筛绢的筛具上进行,以防止面团损失。操作过程中,实验人员应该戴橡皮手套,防止面团吸收手的热量和手部排汗的污染。

**5. 排水**

将面筋球用一只手的几个手指捏住并挤压3次,以去除面筋球上的大部分洗涤液。

将面筋球放在洁净的挤压板上,用另一块挤压板压挤面筋,排出面筋中的游离水。每压一次后取下并擦干挤压板。反复压挤直到稍感面筋黏手或黏板为止(挤压约15次)。也可采用离心装置排水,离心机转速为$(6\,000 \pm 5)$r/min,加速度为$2\,000 \times g$,并有孔径为$500\,\mu m$筛合。然后用手掌轻轻揉搓面筋团至稍感黏手为止。

**6. 测定湿面筋的质量**

排水后取出面筋,放在预先称重的表面皿或滤纸上称重,准确至0.01g,湿面筋质量记录为$m_2$。

**7. 测试次数**

同一个样品做2次试验。

## 四、实验现象与结果(计算公式)

按式(2-27)计算试样的湿面筋含量:

$$G_{wet} = \frac{m_2}{m_1} \times 100\% \qquad (2-27)$$

式中:$G_{wet}$ ——试样的湿面筋含量(以质量分数表示);

$m_1$ ——测试样品质量，g；

$m_2$ ——湿面筋的质量，g。

结果保留小数点后 1 位数字。

## Ⅱ　仪器法测定湿面筋

### 一、实验原理

小麦粉、颗粒粉或全麦粉加入氯化钠溶液制成面团，静置一段时间以形成面筋网络结构。用氯化钠溶液手洗面团，去除面团中淀粉等物质及多余的水，使面筋分离出来。

### 二、实验仪器、试剂与材料

**1. 实验仪器**

（1）面筋仪　由一个或两个洗涤室、混合钩以及用于面筋分离的电动分离装置构成。

①洗涤室：配备有镀铬筛网架和筛孔为 88μm 的聚酯筛或筛孔为 80μm 的金属筛，以及筛孔为 840μm 的聚酰胺筛或筛孔为 800μm 的金属筛。

②混合钩：与镀铬筛网架之间的距离为 $(0.7 \pm 0.05)$ mm，并用筛规进行校正。

③塑料容器：容量为 10L，用于贮存氯化钠溶液，通过塑料管与仪器相连。

④进液装置：输送氯化钠溶液的蠕动泵，使其可以 50～56mL/min 的恒定流量洗涤面筋。

如需要仪器详细的描述和操作指南，可参考仪器生产厂商的操作手册。

（2）可调移液器　可向试样加氯化钠溶液 3～10mL，精度为 ±0.1mL。

（3）离心机　能够保持转速为 $(6\,000 \pm 5)$ r/min，加速度为 $2\,000 \times g$，并有孔径为 500μm 的筛盒。

（4）天平　感量 0.01g。

（5）不锈钢挤压板。

（6）500mL 烧杯　用于收集洗涤液。

（7）金属镊子。

（8）小型实验磨　制备的样品粗细度符合规定的要求。

**2. 实验试剂**

（1）20g/L 氯化钠溶液　将 200g 氯化钠（NaCl）溶解于水中配制成 10L，溶液使用时的温度应为 $(22 \pm 2)$℃。建议该溶液当天配制当天使用。

（2）碘化钾/碘溶液（Lugol 溶液）　将 2.54g 碘化钾（KI）溶解于水中，加入 1.27g 碘（$I_2$），完全溶解后用水定容至 100mL。

除非有特别说明，使用的试剂为分析纯。水为蒸馏水、去离子水或同等纯度的水。

**3. 实验材料**

小麦粉。

## 三、实验方法与步骤

### 1. 准备工作

面筋仪准备和洗涤面团，其操作使用过程与仪器使用手册一致。

### 2. 称样

称取 10g 待测样品，准确至 0.01g，选择正确的清洁筛网，并在实验前润湿。将称好的样品全部放入面筋仪的洗涤室中。小麦粉和颗粒粉样品的测试应使用筛孔孔径为 88μm 的聚酯筛或筛孔孔径为 80μm 的金属筛，测试全麦粉样品时应选用底部有环圈标记的筛网架，筛孔孔径为 840μm 的聚酰胺筛或筛孔孔径为 800μm 的金属筛。轻轻晃动洗涤室使样品分别均匀。

### 3. 面团制备

用可调移液器向待测样品中加入 4.8mL 氯化钠溶液。移液器流出的水流应直接对着洗涤室壁，避免其直接穿过筛网。轻轻摇动洗涤室，使溶液均匀分布在样品的表面。氯化钠溶液的用量可以根据面筋含量的高低或者面筋强弱进行调整。如果混合时面团很黏(洗涤室的水溢出)，应减少氯化钠溶液的用量(最低 4.2mL)；若混合过程中形成了很强、很坚实的面团，氯化钠溶液的加入量可增加到 5.2mL。厂家预设的混合时间为 20s，可根据使用者的需要进行调整。在需要调整时可向生产厂家咨询相关信息。

### 4. 面团洗涤

(1)一般要求  洗涤过程中应注意观察洗涤室中排出液的清澈度。当排出液变得清澈时，可认为洗涤完成。用碘化钾溶液可检查排出液中是否还有淀粉。

(2)小麦粉和颗粒粉的测试  仪器预设的洗涤时间为 5min，在操作过程中通常需要 250~280mL 氯化钠洗涤液。洗涤液通过仪器以预先设置的恒定流量自动传输，根据仪器的不同，流量设置为 50~56mL/min。

(3)全麦粉测试  洗涤 2min 后停止，取下洗涤室，在水龙头下用冷水流小心地把全部已经部分洗涤的含有麸皮的面筋，转移到另一个筛孔孔径为 840μm 粗筛网的酰胺洗涤室中。建议把两个洗涤室口对口且细筛网的洗涤室在上，进行转移。将盛有面筋的粗筛网洗涤室放在仪器的工作位置，继续洗涤面筋直至洗涤程序完成。

(4)特殊情况  如果自动洗涤程序无法完成面团的充分洗涤，可以在洗涤过程中，人工加入氯化钠洗涤液，或者调整仪器重复进行洗涤。

### 5. 离心，称重

洗涤完成以后，用金属镊子将湿面筋从洗涤室中取出，确保洗涤室中不留有任何湿面筋。将面筋分成大约相等的两份，轻轻压在离心机的筛盒上。启动离心机，离心 60s，用金属镊子取下湿面筋，并立即称重($m_1$)，精确到 0.01g。

注意：如果离心机有衡重体，可以不必将面筋分成两份。如果面筋仪可以同时洗涤两个样品，将会得到两块面筋，在随后的操作中应分别进行处理。

**6. 测试次数**

同一份样品应做 2 次试验。

## 四、实验现象与结果

样品湿面筋含量（$G_{wet}$）按式（2-28）计算：

$$G_{wet} = m_1 \times 10\% \qquad (2-28)$$

式中：$m_1$——湿面筋质量，g。

如果 2 次试验的重复性满足要求，结果取 2 次试验结果的算术平均值，保留小数点后 1 位数字。

# Ⅲ 烘箱干燥法测定干面筋

## 一、实验仪器与材料

**1. 实验仪器**

解剖刀或小刀，金属或塑料盘（5cm×5cm），烘箱（可保持 130℃±2℃），干燥器，天平（感量 0.01g）。

**2. 实验材料**

小麦粉。

## 二、实验方法与步骤

**1. 称样**

称量盘子的质量，精确到 0.01g，记录为 $m_0$。按照本实验Ⅰ中湿面筋制备方法制得湿面筋球，将湿面筋球放在盘子上，称量盘子和湿面筋的质量，精确至 0.01g，记录为 $m_5$。制取湿面筋的小麦粉的原始质量记录为 $m$。

**2. 检测**

将盘子和面筋置于 130℃烘箱中干燥 2h 后取出，用解剖刀或小刀在半干燥的面筋上划 3 个或 4 个平行的切口，再放回烘箱，继续干燥 4h，总计干燥时间为 6h。取出盘子和干面筋，在干燥器中冷却至室温（通常需要 30min）。称量盘子和干面筋的质量，精确至 0.01g，记录为 $m_4$。

## 三、实验现象与结果

**1. 干面筋含量的计算**

测试样品干面筋含量按式（2-29）计算：

$$G_{dry} = \frac{m_4 - m_0}{m} \times 100\% \qquad (2-29)$$

式中：$G_{dry}$——测试样品干面筋含量，以占原始小麦粉样品的质量分数计；

　　　$m_4$——盘子和干面筋的总质量，g；

　　　$m_0$——空盘子的质量，g；

　　　$m$——测试湿面筋含量的原始小麦粉样品的质量，g。

原始样品的水分含量可由 GB/T 21305—2007《谷物及谷物制品水分的测定常规法》测得。若考虑此因素，则样品干基的干面筋含量按式(2-30)计算：

$$G_{dm} = \frac{100 \times (m_4 - m_0)}{m \times (100 - w)} \times 100\%　　　　(2-30)$$

式中：$G_{dm}$——试样干基的干面筋含量，以质量分数表示；

　　　$w$——原始样品的水分含量，以质量百分数表示。

结果取 2 次试验的算术平均数。

**2. 湿面筋水分含量的计算**

湿面筋中的水分含量按式(2-31)计算：

$$w_G = \frac{m_5 - m_4}{m_5 - m_0} \times 100\%　　　　(2-31)$$

式中：$w_G$——湿面筋中的水分含量(以质量分数计)；

　　　$m_5$——盘子和湿面筋的总质量，g。

# Ⅳ　快速干燥法测定干面筋

## 一、实验仪器与材料

### 1. 实验仪器

(1)电加热干燥器　由表面涂有防黏材料的两个金属干燥盘和能够加热达到工作温度(150~200℃)的阻抗线圈组成。

(2)天平　感量0.01g。

### 2. 实验材料

小麦粉。

## 二、实验方法与步骤

### 1. 干燥器的准备

在进行干燥测试之前先将干燥器升温至工作温度。

### 2. 干燥湿面筋

将由 GB/T 5506.1—1985 或 GB/T 5506.2—1985 获得的已去除大部分洗涤液并称量准确至0.01g的湿面筋球($m_7$)，置于已经预热的干燥器中，加热时间为(300±5)s。从干燥器中取出干面筋并进行称量，准确至0.01g($m_6$)。

### 三、实验现象与结果

**1. 干面筋含量的计算**

试样的干面筋含量按式(2-32)计算:

$$G_{dry} = \frac{m_6}{m} \times 100\% \qquad (2-32)$$

式中: $G_{dry}$ ——试样的干面筋含量, 用试样占原始样品(小麦粉、二次碾磨的粗粒粉或全麦粉)的质量分数表示;

$m_6$ ——干面筋的质量, g;

$m$ ——用于测定湿面筋含量的原始小麦粉样品的质量, g。

原始小麦粉样品的水分含量可由 GB/T 21305—2007 测得。若考虑此因素, 则小麦粉样品干基的干面筋含量按式(2-33)计算:

$$G_{dm} = \frac{100 \times m_6}{m \times (100 - w)} \times 100\% \qquad (2-33)$$

式中: $G_{dm}$ ——试样干基的干面筋含量(用质量分数表示);

$w$ ——原始小麦粉样品的水分含量, 以质量百分数表示。

结果取 2 次试验的算术平均数。

**2. 湿面筋水分含量的计算**

试样湿面筋中的水分含量按式(2-34)计算:

$$w_G = \frac{m_7 - m_6}{m_7} \times 100\% \qquad (2-34)$$

式中: $w_G$ ——试样湿面筋的水分含量(用质量分数表示);

$m_7$ ——试样的湿面筋质量, g。

**3. 面筋吸水率的计算**

试样面筋吸水率按式(2-35)计算:

$$w_A = \frac{m_7 - m_6}{m_6} \times 100\% \qquad (2-35)$$

式中: $w_A$ ——试样面筋吸水率(用质量分数表示)。

### 【思考与讨论】

1. 湿面筋手洗法测定的实验方法与步骤有哪些?
2. 湿面筋仪器法测定的实验方法与步骤有哪些?
3. 干面筋烘箱干燥法测定的实验方法与步骤有哪些?
4. 干面筋快速干燥法测定的实验方法与步骤有哪些?

# 实验十三　面筋指数测定

## 一、实验目的

1. 熟悉和掌握面筋指数的检验技术。
2. 熟悉和掌握面筋指数的测定方法。

## 二、实验原理

在离心机的离心力作用下，小麦粉湿面筋穿过一定孔径筛板，测量保留在筛板上面筋质量和全部面筋质量，两者的比值得到面筋指数。

## 三、实验仪器、试剂与材料

### 1. 实验仪器

（1）面筋仪　双洗涤杯或单洗涤杯的面筋仪，两种可装卸筛网的洗涤杯，其筛网孔径分别为 88μm、840μm。

（2）离心机　转速(6 000 ±5)r/min，镶有金属筛板的筛盒。

（3）移液管　10mL。

（4）塑料桶　容积 10L。

（5）不锈钢刮匙和不锈钢夹子。

（6）天平　感量 0.01g。

### 2. 实验试剂

（1）氯化钠　分析纯。

（2）2%氯化钠溶液　称取氯化钠 200g 溶于 10L 水中。

### 3. 实验材料

小麦粉，全麦粉。

## 四、实验方法与步骤

（1）取样按 GB 5491—1985 执行，分取 100g 样品备用。

（2）水分测定　按 MM_ FS_ CNG_ 0399—2005 测定。

（3）面团制备及洗涤方法　分小麦粉和全麦粉两种情况

①小麦粉面团制备及洗涤方法：调整面团的混合时间为 20s，洗涤时间为 5min。将洗涤杯清洗干净，垫上筛网，用少许氯化钠溶液润湿筛网，放好接液杯。称取两份 10g 小麦粉样品于两个 88μm 的洗涤杯，分别加入氯化钠溶液 4.4 ~ 5.2mL，将洗涤杯放置仪器固定位置上，启动仪器，搅拌 20s 使小麦粉和成面团，然后仪器自动进行洗涤。仪

器自动按 50~54mL/min 的流量用氯化钠溶液洗涤 5min，自动停机，卸下洗涤杯，洗涤需用氯化钠溶液 250~280mL。

②全麦粉面团制备及洗涤方法：调整面团的混合时间为 20s，洗涤时间为 5min。准备称取两份 10g 全麦粉样品于预先湿润的两个 88μm 的洗涤杯中，分别加 4.4~5.2mL 氯化钠溶液，洗涤杯放置仪器固定位置上，启动仪器，搅拌 20s 使全麦粉和成面团，然后仪器自动进行洗涤，2min 后仪器自动暂停。把洗涤杯取下，把内容物面筋和麸皮不损失地转移到 840μm 的洗涤杯中，再放回仪器固定位置上，继续洗涤 3min，共需用氯化钠溶液 250~280mL。

（4）离心 立即从两个洗涤杯中取出两个面筋球，分别放入离心机内两个筛盒中，离心 60s。

（5）湿面筋称重 离心后立即取出筛盒，用不锈钢刮匙小心刮净通过筛板下的面筋，在天平上称重，再将没有通过筛板的面筋用镊子取出，也放入天平上与通过筛板的面筋一起称量，得到总面筋量。

## 五、实验现象与结果

按式（2-36）计算面筋指数：

$$面筋指数 = \frac{（总面筋质量 - 筛下面筋质量）\times 100}{总面筋质量} \qquad (2-36)$$

双试验 2 个测定结果用算术平均数加以平均，以平均值表示，取整数位。

## 【注意事项】

1. 双试验面筋指数值的允许差，在指数 70~100 之间，允许差应不超过 11 个单位，在指数 70 以下，双试验允许差不超过 15 个单位。

2. 制备的 2% 的氯化钠溶液应现用现制，溶液温度应为（22±2）℃。

## 【思考与讨论】

1. 面筋指数测定试验有哪些需要的实验仪器与试剂？
2. 面筋指数测定的试验步骤与方法有哪些？

# 实验十四　面粉品质特性检测

## 实验目的

1. 熟悉和掌握面粉品质检验技术。
2. 熟悉和掌握面粉品质加工精度、粗细度、含沙量、磁性金属物的测定方法。

## Ⅰ　加工精度

### 一、实验原理

小麦粉加工精度是小麦定等的基础项目，采用感官检测方法。小麦粉加工精度以粉色麸星来表示。粉色是指小麦粉的颜色，麸星是指小麦粉中麸皮的含量。粉色麸星是将待测样品和国家制定的标准样品经过一定的处理，然后对照比较测定，判断样品的精度等级。

### 二、实验仪器、试剂与材料

**1. 实验仪器**

搭粉板（5cm×30cm），粉刀，天平（感量0.1g），电炉，烧杯，铝制蒸锅，白瓷碗，玻璃棒。

**2. 实验试剂**

酵母液：称取5g鲜酵母或2g干酵母，加入100mL温水（35℃左右），搅拌均匀备用。

**3. 实验材料**

小麦粉。

### 三、实验方法与步骤

**1. 干法**

用洁净粉刀取少量标准样品置于搭粉板上，用粉刀压平，将右边切齐。再取少量试样置于标准样品右侧压平，将左边切齐，用粉刀将试样慢慢向左移动，使试样与标准样相连接。再用粉刀把两个粉样紧紧压平（标准样品与试样不得互混），打成上厚下薄的坡度（上厚约6mm，下边与粉板拉平），切齐各边，刮去标样左上角，对比粉色麸星。

**2. 湿法**

将干法检验过的粉样，连同搭粉板倾斜插入水中，直至不起泡为止，取出搭粉板，待粉样表面微干时对比粉色麸星。

**3. 湿烫法**

法将湿法检验过的粉样，连同搭粉板倾斜插入刚停止加热的沸水中，约经 1min 取出，用粉刀轻轻刮去粉样表面受烫浮起部分，对比粉色麸星。

**4. 干烫法**

先按干法打好粉板，然后连同粉板倾斜插入刚停止加热的沸水，约经 1min 取出，用粉刀轻轻刮去粉样表面受烫浮起部分，对比粉色麸星。

**5. 蒸馒头法**

标准样与试样分别用同样的方法做馒头。

（1）第一次发酵　称试样 30g 于瓷碗中，加入 15mL 酵母液和成面团，并揉至无干面光滑为止，碗上盖一块湿布，放在 38℃左右的保温箱内发酵至面团内部呈蜂窝状即可（约 30min）。

（2）第二次发酵　将已发酵的面团用少许干面揉至软硬适度后，做成馒头型放入碗中，用干布盖上，在 38℃左右的保温箱内发酵约 20min。然后取出放入沸水蒸锅内蒸 15min 取出，对比粉色麸星。

## 四、实验现象与结果

**1. 粉色**

同于标准样，暗于标准样或甚暗于标准样。

**2. 麸星**

同于标准样，次于标准样或好于标准样。

## Ⅱ　粗细度检验

## 一、实验原理

小麦粉的粗细度是指小麦粉粉粒的粗细程度，以试样通过或留存在规定筛绢上的百分率来表示。小麦粉粗细度随加工精度的不同而不同：加工精度高，粉粒细；加工精度低，粉粒粗。小麦粉粒越细，就越益于蒸制食用，口感也越好；反之，则影响其蒸制品质和口感。粗细度的影响因素主要是制粉工艺。

各等级的粗细度都采用规定筛号的筛绢筛分，即 CB、CQ 筛绢，其规格有 CB30、CB36、CB42、CQ20、CQ27 共 5 个筛型。型号中的符号 C 代表筛绢质量是蚕丝，B 代表编织状况为半绞织，Q 代表编织状况是全绞织，数字代表每平方厘米有多少孔。

不同等级的小麦粉，其粗细度有明确规定。表 2-2 为不同等级小麦粉粗细度。

一定量试样在规定筛绢上筛理，颗粒大小不同的粉通过筛绢或留存在筛绢上，称取筛上物的质量，计算其占试样的质量分数。

表 2-2　不同等级小麦粉粗细度规格

| 等级粉 | 粗 细 度 | | | |
|---|---|---|---|---|
| | CQ20 | CB30 | CB36 | CB42 |
| 特制一等 | | | 全部通过 | 筛上物≤10.0% |
| 特制二等 | | 全部通过 | 筛上物≤10.0% | |
| 标准粉 | 全部通过 | 筛上物≤10.0% | | |
| 普通粉 | 全部通过 | | | |

## 二、实验仪器与材料

### 1. 实验仪器

电动粉筛(正方形，内径 23.3cm，高 4.8cm，转速 200r/min)，天平(感量 0.1g)，橡皮球(直径 5mm)，表面皿，取样铲，毛笔，毛刷。

### 2. 实验材料

小麦粉。

## 三、实验方法与步骤

每层筛内放 5 个橡皮球，从平均样品中称取试样 50g，放入上筛层中，然后按大孔筛在上，小孔筛在下，最下层是筛底，最上层是筛盖的顺序安装，关紧，开动电机，连续筛动 10min，取出将各层筛倾斜，转拍筛框并用毛刷把筛上粉集中到一角倒出称量(用感量 0.1g 的天平称不出的不计量，视为全部通过)。

## 四、实验现象与结果

留存物含量按式(2-37)计算:

$$留存物(\%) = \frac{m_1}{m} \times 100 \qquad (2-37)$$

式中: $m_1$ ——筛上留存粉质量，g;

　　　 $m$ ——试样质量，g。

双试验结果允许差不超过 0.5%，求其平均数，即为测定结果，测定结果取小数点后 1 位数字。

## Ⅲ　四氯化碳法测定含沙量

## 一、实验原理

根据沙子、粉类和四氯化碳的相对密度不同，四氯化碳的相对密度介于沙子与粉类之间，把粉类试样放在四氯化碳中搅拌静置后，粉类漂浮在上面，沙子和无机物沉于底部。倾出漂浮的粉类，将沉淀物进行漂洗、烘干和称量，从而测出粉类含沙量。

## 二、实验仪器、试剂与材料

### 1. 实验仪器

细沙分离漏斗，分析天平：感量 0.000 1g，电炉（500W），干燥器，坩埚或铝盒，试剂瓶（1 000mL），量筒（10mL），玻璃棒，石棉网。

### 2. 实验试剂

四氧化碳。

### 3. 实验材料

小麦粉。

## 三、实验方法与步骤

取 70mL 四氯化碳注入细沙分离漏斗内，加入试样 10g，用玻璃棒轻轻搅拌 3 次，每 5min 搅拌 1 次，搅拌时玻璃棒要在漏斗的中上部（切勿接触底部，以免溶液混浊使试样沉入底部，影响测定效果）。加盖静置 20~30min 后，将浮在上面的面汤用表面皿取出，再将分离漏斗球形中的四氯化碳和泥沙放入已知质量的坩埚内，再用四氧化碳冲洗球体和坩埚 2 次，把坩埚内的四氯化碳倒净，放在有石棉网的电炉上烘干，放入干燥器冷却，称量。

## 四、实验现象与结果

含沙量按式（2-38）计算：

$$含沙量（\%） = \frac{m_1 - m_0}{m} \times 100 \qquad (2-38)$$

式中：$m_1$——坩埚和细沙质量，g；

$\quad m_0$——坩埚质量，g；

$\quad m$——试样质量，g。

双试验允许差不超过 0.005%，以最高含量的试验结果为测定结果。测定结果取小数点后 2 位数字。

# Ⅳ 灰化法测定含沙量

## 一、实验原理

粉类中的细沙是不纯的二氧化硅，它的性质很稳定。除氢氟酸外，酸均不起作用。此法是根据细沙不溶于盐酸的性质进行分离的。即将粉类试样灰化，再用盐酸洗涤、过滤，最后将剩下的沉淀再经灼烧至恒重，得二氧化硅。在此含量中，也包括粉类本身所含硅元素的氧化物。

## 二、实验仪器、试剂与材料

### 1. 实验仪器

电热恒温水浴锅，无灰滤纸，高温电炉，分析天平（0.000 1g），瓷坩埚（18～20mL），干燥器，烧杯，量筒，漏斗，试剂瓶，长柄和短柄坩埚钳。

### 2. 实验试剂

（1）10%盐酸　取相对密度1.19的浓盐酸237mL，注入蒸馏水中，再移入容量瓶中并稀释到1L，摇匀备用。

（2）0.3g/L硝酸银溶液　称取3g硝酸银溶解于蒸馏水中，并加2滴浓硝酸，使其酸化，然后用蒸馏水稀释至100mL，充分摇匀，移入棕色瓶中备用。

### 3. 实验材料

小麦粉。

## 三、实验方法与步骤

用已知恒质的坩埚称取试样5g，按测定灰分的方法进行灰化，待盛有灰分坩埚冷却后，加入10mL 10%盐酸溶液，放在80℃左右的水浴锅上加热5min，将溶液用无灰滤纸过滤，坩埚中剩余不溶解的渣滓，再用10mL盐酸洗2次，将溶液连同渣滓移入原滤纸中过滤，再用热蒸馏水将坩埚及滤纸充分洗净，至滤液中不含氯离子为止（加入0.3g/L硝酸银溶液后，不产生混浊）。将滤纸及沉淀物烘干后置于原坩埚内进行炭化，炭化至无烟后移入600℃高温炉中灼烧30min，冷却称量。复烧20min，直到恒重（前后两次质量差不超过0.000 2g）。

## 四、实验现象与结果

含沙量按式（2-39）计算。

$$含沙量（\%）= \frac{m_1 - m_0}{m} \times 100 \qquad (2-39)$$

式中：$m_1$——坩埚和细沙质量，g；

$m_0$——坩埚质量，g；

$m$——试样质量，g。

双试验结果允许差不超过0.005%，以最高含量的试验结果为测定结果，测定结果取小数点后2位数字。

# V 磁性金属物测定

## 一、实验原理

采用电磁铁或永久磁铁,通过磁场的作用将具有磁性的金属物从试样中粗分离,再用小型永久磁铁将磁性金属物从残留试样的混合物中分离出来,计算磁性金属物的含量。

## 二、实验仪器

磁性金属物测定仪(磁感应强度应不少于 120mT),分离板(210mm × 210mm × 6mm,磁感应强度应不少于 120mT),天平(感量 0.000 1g),天平(感量 1g,最大称量大于 1 000g),称量纸,白纸(约 200mm × 300mm),毛刷,大号洗耳球,称样勺等。

## 三、实验方法与步骤

### 1. 称样

试样的扦样和分样按 GB 5491—1985 执行。从分取的平均样品中称取试样($m$)1kg,精确至 1g。

### 2. 测定

(1)测定仪分离  开启磁性金属物测定仪的电源,将试样倒入测定仪盛粉斗,按下通磁开关。调节流量控制板旋钮,控制试样流量在 250g/min 左右,使试样匀速通过淌样板进入储粉箱内。待试样流完后,用洗耳球将残留在淌样板上的试样吹入储粉箱,然后用干净的白纸接在测定仪淌样板下面,关闭通磁开关,立即用毛刷刷净吸附在淌样板上的磁性金属物(含有少量试样),并收集到放置的白纸上。

(2)分离板分离  将收集有磁性金属物和残留试样混合物的纸放在事先准备好的分离板上,用手拉住纸的两端,沿分离板前后左右移动,使磁性金属物与分离板充分接触并集中在一处,然后用洗耳球轻轻吹弃纸上的残留试样,最后将留在纸上的磁性金属物收集到称量纸上。

(3)重复分离  将第一次分离后的试样再重复分离,直至分离后在纸上观察不到磁性金属物,将每次分离的磁性金属物合并到称量纸上。

(4)检查  将收集有磁性金属物的称量纸放在分离板上,仔细观察是否还有试样粉粒,如有试样粉粒,则用洗耳球轻轻吹弃。

### 3. 称量

将磁性金属物和称量纸一并称量($m_1$),精确至 0.000 1g,然后弃去磁性金属物再称量($m_0$),精确至 0.000 1g。

## 四、实验现象与结果

磁性金属物含量($X$),按式(2-40)计算:

$$X = \frac{m_1 - m_0}{m} \times 100\%$$  (2-40)

式中：$X$——磁性金属物含量；

$m_1$——磁性金属物和称量纸质量，g；

$m_0$——称量纸质量，g；

$m$——试样质量，g。

双试验测定值以高值为该试样的测定结果。

## 【思考与讨论】

1. 加工精度的实验方法与步骤有哪些？
2. 粗细度检验的方法与步骤有哪些？
3. 含沙量测定四氯化碳法实验的方法与步骤有哪些？
4. 含沙量测定灰化法实验的方法与步骤有哪些？
5. 磁性金属物测定实验的方法与步骤有哪些？

# 实验十五　小麦粉降落值

## 一、实验目的

学会小麦粉降落值的实验方法，探究相关内容，从而测得小麦粉降落值。

## 二、实验原理

降落值是指把一定量的小麦粉或谷物粉和水的混合物置于特定黏度管内并浸入沸水浴中以特定的方式搅拌管内混合物，并使搅拌器在糊化物中从一定高度下降一段特定距离，自黏度管浸入水浴开始至搅拌器自由降落一段特定距离的全过程所需要的时间(s)。

小麦粉或谷物粉的悬浮液在沸水浴中能迅速糊化。由于 $\alpha$-淀粉酶活性的不同而使糊化物中的淀粉不同程度被液化，液化程度不同，搅拌器在糊化物中的下降速度即不同。因此，$\alpha$-淀粉酶降落值的高低就表明了相应的 $\alpha$-淀粉酶活性的差异。降落值小，黏度低，表示 $\alpha$-淀粉酶活性强。

利用 $\alpha$-淀粉酶对糊化淀粉的液化作用来测定酶的活性，只要淀粉中有 0.1% 的葡萄糖苷键被打开，黏度就会下降 50%，根据黏度的变化可以反映酶的活性。

## 三、实验仪器、试剂与材料

### 1. 实验仪器

(1)降落值测定仪(图 2-2)　仪器由水浴装置、电浴装置(600W)、金属搅拌器(图 2-3 和图 2-4)、黏度管、搅拌器自动装置、自动计时器或秒表、精密温度计(测定精度 ±0.2℃)、橡皮塞。

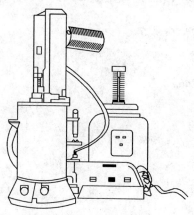

图 2-2　降落值测定仪

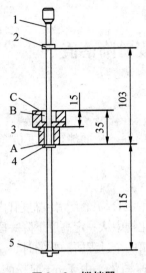

图2-3 搅拌器　　　　图2-4 搅拌器轮
1. 杆　2. 上止动器　3. 胶木塞
4. 下止动器　5. 轮

(2)加液器或吸液管　容量(25±0.2)mL。

(3)专用粉碎机　谷物粉碎其粒度符合表2-3要求。

表2-3　谷物粉碎粒度要求

| 筛孔/μm | 筛下物/% | 筛孔/μm | 筛下物/% |
|---|---|---|---|
| 710 | 100 | 200~210 | ≤80 |
| 500 | 90~100 | | |

注：筛孔710μm约相当于CQ10，筛孔500μm约相当于CQ14；筛孔200μm约相当于CB30号筛。

(4)编织筛　孔径800μm(相当于CQ9号筛)。

(5)天平　感量0.01g。

**2. 实验试剂**

(1)蒸馏水。

(2)甘油或乙二醇(工业品)。

(3)异丙醇(工业品)。

**3. 实验材料**

小麦粉。

## 四、实验方法与步骤

**1. 试样制备**

(1)谷粒试样　取平均样品200~300g去杂。在粉碎机中磨碎。当留存在710μm＞超过1%时可弃去，充分混匀筛下物。

（2）麦粉试样　用 80Dμm 筛筛理，使成块小麦粉分散均匀。

**2. 试样**

水分含量测定按 GB 5497—1985 测定。

**3. 称样**

称样量必须按试样水分含量进行计算，使试样在加入 25mL 水后，其干物质与总水量（包括试样中的含水量）之比为一常数，在试样含水量为 15.0% 时，试样量为 7.00g（精确到 0.05g）；试样含水量高于或低于 15.0% 时的称样量。如要使不同试样测定的降落值的差距增大，可将称样量改为相当于含水量为 15.0% 时试样量为 9.00g 的量（表2-4）。

表2-4　称样量与水分的关系

| 试样含水量/% | 称样量/g | | 试样含水量/% | 称样量/g | |
| --- | --- | --- | --- | --- | --- |
| | 相当于含水量 15%的7g试样量 | 相当于含水量 15%的9g试样量 | | 相当于含水量 15%的7g试样量 | 相当于含水量 15%的9g试样量 |
| 9.0 | 6.40 | 8.20 | 13.6 | 6.85 | 8.80 |
| 9.2 | 6.45 | 8.25 | 13.8 | 6.90 | 8.85 |
| 9.4 | 6.45 | 8.25 | 14.0 | 6.90 | 8.85 |
| 9.6 | 6.45 | 8.30 | 14.2 | 6.90 | 8.90 |
| 9.8 | 6.50 | 8.30 | 14.4 | 6.95 | 8.90 |
| 10.0 | 6.50 | 8.30 | 14.4 | 6.95 | 8.90 |
| 10.2 | 6.55 | 8.35 | 14.6 | 6.95 | 8.95 |
| 10.4 | 6.55 | 8.35 | 14.8 | 7.00 | 8.95 |
| 10.6 | 6.55 | 8.40 | 15.2 | 7.00 | 9.05 |
| 10.8 | 6.60 | 8.45 | 15.4 | 7.05 | 9.05 |
| 11.0 | 6.60 | 8.45 | 15.4 | 7.05 | 9.05 |
| 11.2 | 6.60 | 8.50 | 16.0 | 7.10 | 9.10 |
| 11.4 | 6.65 | 8.50 | 16.0 | 7.10 | 9.15 |
| 11.6 | 6.65 | 8.55 | 16.2 | 7.15 | 9.20 |
| 11.8 | 6.70 | 8.55 | 16.4 | 7.15 | 9.20 |
| 12.0 | 6.70 | 8.60 | 16.6 | 7.15 | 9.20 |
| 12.2 | 6.70 | 8.60 | 16.8 | 7.20 | 9.25 |
| 12.4 | 6.75 | 8.65 | 17.0 | 7.20 | 9.30 |
| 12.6 | 6.75 | 8.65 | 17.2 | 7.25 | 9.35 |
| 12.8 | 6.80 | 8.70 | 17.4 | 7.25 | 9.35 |
| 13.0 | 6.80 | 8.70 | 17.6 | 7.30 | 9.40 |
| 13.2 | 6.80 | 8.75 | 17.8 | 7.30 | 9.40 |
| 13.4 | 6.85 | 8.80 | 18.0 | 7.30 | 9.40 |

**4. 测定**

将称好的试样倒入黏度管内，并将黏度管及试样倾斜成 45°角，再用加液器或吸液管加入 25mL(20±5)℃的水，立即盖紧橡皮塞，用手连续猛烈摇动 20 次，必要时可增加摇动次数，得到均匀无粉状物的悬浮液。取下橡皮塞，立即将搅拌器插入黏度管中，并将管壁黏着的悬浮物推入悬浮液中。迅速将黏度管和搅拌器套入胶木管架并穿过水浴盖孔放入沸水浴中，立即开启自动计时器，仪器上的胶木压座自动伸出压紧搅拌器上的胶木塞，黏度管浸入水浴 5s 后，搅拌器开始以每秒上下来回 2 次的速度在特定的距离内进行搅拌，即每个来回搅拌器的下止动器和上止动器分别碰到搅拌器胶木塞的底部 A 和上部的凹面 B，见图 2 - 3 搅拌器。搅拌至 59s 后，搅拌器提到高位置，60s 时松开搅拌器，搅拌器自由降落。当搅拌器上端降落至胶木塞上部 C 位置时，自动计时器给出信号并停止计时，记下自动计时器显示的全部时间(s)。

**5. 测定次数**

同一试样进行 2 次测定。

## 【注意事项】

1. 在水浴内倒入蒸馏水，使水面距水浴顶部边缘 2~3cm，加热并使水浴温度在全部测定过程保持激烈沸腾，同时注意经常加水以保持水位。由于不同地区所处的海拔高度不同，不同大气压下水的沸点不同，因此，水浴沸腾温度须加以调节。

2. 温度计读数校正

由于测量温度计的汞柱部分浸入水浴内，部分露在空气中，因此温度计读数须按式(2 - 41)进行校正。

$$校正值(℃) = Kn(T - t) \qquad (2 - 41)$$

式中：$K$——校正系数，0.000 16；

$n$——温度计在水浴塞子以上的汞柱刻度数；

$T$——浸入水浴的测量温度计读数，℃；

$t$——测量温度计周围的室温(用另一温度计测量)，℃。

测量温度计的读数加上校正值即为水浴的实际温度。

3. 如果水浴沸腾温度在 98~99.8℃，可加入甘油或乙二醇调整，使水浴沸腾温度达 100.0℃，加入量为调节水浴沸点的试剂用量(表 2 - 5)。

表 2 - 5　调节水浴沸点的试剂用量表

| 所需升温度数/℃ | 添加量/% | | 所需升温度数/℃ | 添加量/% | |
| --- | --- | --- | --- | --- | --- |
| | 乙二醇 | 甘油 | | 乙二醇 | 甘油 |
| 0.2 | 1.9 | 2.5 | 1.2 | 11.3 | 14.2 |
| 0.4 | 3.9 | 4.9 | 1.4 | 12.9 | 16.1 |
| 0.6 | 5.8 | 7.4 | 1.6 | 14.4 | 18.1 |
| 0.8 | 7.8 | 9.8 | 1.8 | 16.0 | 20.0 |
| 1.0 | 9.7 | 12.3 | 2.0 | 17.6 | 21.9 |

4. 如果水浴沸腾温度低于98℃，则不要调节至100℃来测定降落值，否则，测定过程中，黏度管内的糊化物有可能溢出而无法获得结果。这种情况下，可采用"作图法"来估算测定结果，即在实测温度下先测定一次降落值，然后在水浴中加入13.6%的乙醇或17.1%的甘油，使水浴温度升高1.5℃再测定一次降落数值。以温度为横坐标，降落数值为纵坐标，将测得的两点作一斜线并延长，斜线上与横坐标为100.0℃时，对应的纵坐标所示的降落值即为测定结果。

5. 如果水浴的沸腾温度高于100.2℃，则每超过0.1℃，在水浴中加入0.1%异丙醇。调节使水浴沸腾温度下降为100.0℃。

## 【思考与讨论】

小麦粉降落值实验的方法与步骤有哪些？

# 实验十六　面团流变特性检测

## 实验目的
1. 利用吹泡仪测定小麦粉面团流变性能。
2. 利用拉伸仪测定小麦粉面团流变特性。
3. 利用粉质仪测定小麦粉的吸水量及面团耐搅拌特性。

# Ⅰ　吹泡仪法

## 一、实验原理

在规定的条件下，把小麦粉和氯化钠溶液混合制备成一定含水量的面团。将面团压制成一定厚度的试样，用吹泡方式将它吹成面泡。记录泡内随着时间变化的压力曲线图，根据曲线图形的形状和面积评价面团的流变特性。

## 二、实验仪器、试剂与材料

### 1. 实验仪器

(1)吹泡测定仪(以 NG 型为例)　由和面器、吹泡器、压力记录器等组成(图 2-5)。

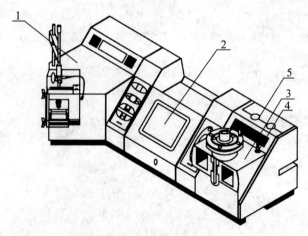

**图 2-5　NG 型吹泡测定仪**

1. 和面器　2. 压力记录器　3. 吹泡器　4. 流量阀旋钮　5. 空气发生器旋钮

(2)求积仪或求积模板　测量吹泡曲线面积，求积模板由制造商提供。

(3)天平　感量 0.5g。

（4）秒表。

**2. 实验试剂**

（1）蒸馏水　蒸馏水或纯度与其相当的水。

（2）2.5% 氯化钠溶液　取分析纯氯化钠（25 ± 0.2）g 加蒸馏水溶解，稀释至 1L，该溶液存放时间不得超过 15d，使用温度（20 ± 2）℃。

（3）精炼植物油　含多不饱和脂肪酸低，酸价（KOH）低于 0.4mg/g（按照 GB/T 5530—2005 测定），如花生油或橄榄油，装在密闭的容器内，避光存放，每 3 个月定期更换。或使用液体石蜡（也称液体凡士林），在 20℃ 下黏度尽可能低（≤60mPa·s），酸价（KOH）等于或低于 0.05mg/g。

**3. 实验材料**

小麦粉。

## 三、实验方法与步骤

**1. 仪器准备**

（1）确保仪器清洁，关好揉面钵的侧板和闸门，以防面粉和水漏出。

（2）打开仪器电源开关，调节仪器温度。揉面钵（24 ± 0.2）℃，吹泡器（25 ± 0.2）℃。使用前应有足够的时间（约 30min）使温度稳定。如温度超过设定值，按说明书要求进行冷却。

（3）根据说明书要求，定期检查仪器气路系统的气密性（不漏气）。

（4）用 No.12C 压力校正气嘴来调节压力。

——调节空气发生器旋钮，使压力记录器上显示 92mm 高度（图 2 - 6）。

——调节流量阀旋钮，使压力记录器上显示 60mm 高度（图 2 - 6）。

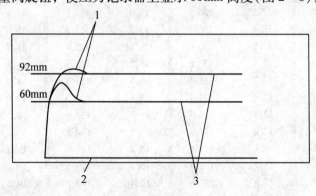

**图 2 - 6　压力校准曲线**

1. 浮漂笔曲线　2. 基线　3.92mm、60mm 平行线

（5）用秒表检查水压力记录器记录鼓转动速度，在 220V、50Hz 条件下，从限位块到限位块是 55s，相当于纸速 302.5mm/55s。

**2. 测定前准备**

（1）小麦粉水分含量测定　按 GB/T 5497—1985 测定小麦粉水分含量。

（2）面粉样品和氯化钠溶液的温度（20±5）℃，实验室温度（18~22）℃，实验室相对湿度（65±15）%。

### 3. 面团制备

（1）称取（250±0.50）g 面粉置于揉面钵中。

（2）向滴定管中加入 2.5% 氯化钠溶液，调节至与被测面粉样品水分含量相同的刻度，或根据表 2-6 查出被测面粉水分含量应加入的氯化钠溶液毫升数。这些氯化钠溶液毫升数用来制备一定含水量的面团，即相当于 50mL 氯化钠溶液和 100g 含水量为 15% 的面粉制备成的面团。

表 2-6　250g 面粉不同水分含量应加入氯化钠溶液的毫升数

| 面粉水分含量/% | 氯化钠溶液添加量/mL | 面粉水分含量/% | 氯化钠溶液添加量/mL | 面粉水分含量/% | 氯化钠溶液添加量/mL | 面粉水分含量/% | 氯化钠溶液添加量/mL |
|---|---|---|---|---|---|---|---|
| 8.0 | 155.9 | 11.1 | 142.2 | 14.2 | 128.5 | 17.3 | 114.9 |
| 8.1 | 155.4 | 11.2 | 141.8 | 14.3 | 128.1 | 17.4 | 114.4 |
| 8.2 | 155.0 | 11.3 | 141.3 | 14.4 | 127.6 | 17.5 | 114.0 |
| 8.3 | 154.6 | 11.4 | 140.9 | 14.5 | 127.2 | 17.6 | 113.5 |
| 8.4 | 154.1 | 11.5 | 140.4 | 14.6 | 126.8 | 17.7 | 113.1 |
| 8.5 | 153.7 | 11.6 | 140.0 | 14.7 | 126.3 | 17.8 | 112.6 |
| 8.6 | 153.2 | 11.7 | 139.6 | 14.8 | 125.9 | 17.9 | 112.2 |
| 8.7 | 152.8 | 11.8 | 139.1 | 14.9 | 125.4 | 18.0 | 111.8 |
| 8.8 | 152.4 | 11.9 | 138.7 | 15.0 | 125.0 | 18.1 | 111.8 |
| 8.9 | 151.9 | 12.0 | 138.2 | 15.1 | 124.6 | 18.2 | 110.9 |
| 9.0 | 151.5 | 12.1 | 137.8 | 15.2 | 124.1 | 18.3 | 110.4 |
| 9.1 | 151.0 | 12.2 | 137.4 | 15.3 | 123.7 | 18.4 | 110.0 |
| 9.2 | 150.6 | 12.3 | 136.9 | 15.4 | 123.2 | 18.5 | 109.6 |
| 9.3 | 150.1 | 12.4 | 136.5 | 15.5 | 122.8 | 18.6 | 109.1 |
| 9.4 | 149.7 | 12.5 | 136.0 | 15.6 | 122.4 | 18.7 | 108.7 |
| 9.5 | 149.3 | 12.6 | 135.6 | 15.7 | 121.9 | 18.8 | 108.2 |
| 9.6 | 148.8 | 12.7 | 135.1 | 15.8 | 121.5 | 18.9 | 107.8 |
| 9.7 | 148.4 | 12.8 | 134.7 | 15.9 | 121.0 | 19.0 | 107.4 |
| 9.8 | 147.9 | 12.9 | 134.3 | 16.0 | 120.6 | 19.1 | 106.9 |
| 9.9 | 147.5 | 13.0 | 133.8 | 16.1 | 120.1 | 19.2 | 106.5 |
| 10.0 | 147.1 | 13.1 | 133.4 | 16.2 | 119.7 | 19.3 | 106.0 |
| 10.1 | 146.6 | 13.2 | 132.9 | 16.3 | 119.3 | 19.4 | 105.6 |
| 10.2 | 146.2 | 13.3 | 132.5 | 16.4 | 118.8 | 19.5 | 105.1 |
| 10.3 | 145.7 | 13.4 | 132.1 | 16.5 | 118.4 | 19.6 | 104.7 |
| 10.4 | 145.3 | 13.5 | 131.6 | 16.6 | 117.9 | 19.7 | 104.3 |
| 10.5 | 144.9 | 13.6 | 131.2 | 16.7 | 117.5 | 19.8 | 103.8 |
| 10.6 | 144.4 | 13.7 | 130.7 | 16.8 | 117.1 | 19.9 | 103.4 |
| 10.7 | 144.0 | 13.8 | 130.3 | 16.9 | 116.6 | 20.0 | 102.9 |
| 10.8 | 143.5 | 13.9 | 129.9 | 17.0 | 116.2 | | |
| 10.9 | 143.1 | 14.0 | 129.4 | 17.1 | 115.7 | | |
| 11.0 | 142.6 | 14.1 | 129.0 | 17.2 | 115.3 | | |

（3）启动和面刀，立即将滴定管中的全部氯化钠溶液加入和面钵（在20~30s内完成）。1min停止和面，用塑料刮刀把未混入面团的干面粉混入面团，混入干面粉用时1min。2min再次启动和面刀，继续和面6min，至8min停止和面。

表2-6系根据式（2-42）计算而来：

$$加入的水量 = 191.175 - (4.41175 \times 面粉的水分) \qquad (2-42)$$

**4. 试样制备**

（1）抬起揉面钵挤出口的闸门并拧紧，和面刀反转，滴几滴油于挤出口的接面板上。

（2）用金属刮刀靠近揉面钵挤出口，快速切去最初挤出的10mm面片。

（3）面片继续挤出，用刮刀随时轻挑面片端头，避免面片黏连在接面板上。达到接面板上标记时，用刮刀快速切下。面片继续挤出，将接面板上第一块面片滑到预先涂了油的压片槽上。放置面片时注意面片的方向，面片挤出方向要与压片槽长向一致。

（4）重复（3）操作4次。重复将上述第二块、第三块、第四块面片依序放在压片槽上。第五块面片留在接面板上。

（5）用预先涂油的压面辊在压片槽的轨道上连续滚压12次（来回6次）。

（6）用预先涂油的圆切刀在面片中心切下，去除外围多余的部分，将带有小圆面片的圆切刀移到涂有油的放置片上，方法是手腕在桌上敲打使面片落下，不要用手指触摸试样。如果试样黏在压片槽上，用剖刀慢慢撬起，使其滑到放置片上。立即按挤出顺序放进25℃吹泡器恒温室中，第一块在最上部，其余顺序向下放置（图2-7）。

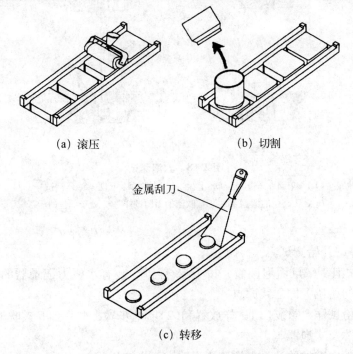

（a）滚压　　　　　　（b）切割

金属刮刀

（c）转移

**图2-7　面片滚压、切割、转移**

（7）取下接面板上的第五块面片放在压面槽上，重复（5）和（6）操作步骤。

**5. 吹泡测试**

（1）放置试样　把一张记录纸装在水压力记录器记录鼓上，记录笔灌满墨水，笔与记录纸接触，转动记录鼓画好基准压力线，笔与记录纸离开，再转回到起始位置。

从和面开始28min开始吹泡测试。将吹泡器上盘反时针向上转动两圈，使上盘上表面与3个圆柱导轨上端齐平，拧下滚花环，取出压盖，在吹泡器下盘和压盖上涂油。将圆面片试样从恒温室取出，滑到下盘中心位置。如不在中心，用塑料刀轻轻推动圆面片侧边，使其到达中心位置。

放回盖片，拧紧滚花环，用20s，匀速地将上盘顺时针向下转动，压平试样。

等待5s，拧下滚花环，取出盖片，露出待测试样（图2-8）。

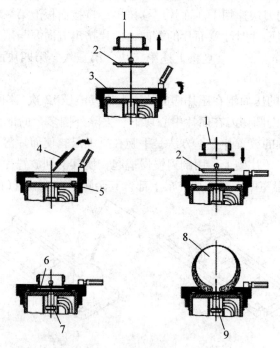

**图2-8　吹泡测试**

1. 滚花环　2. 压盖　3. 上盘　4. 试样　5. 下盘　6. 压后试样
7. 处于高位的活塞　8. 正被吹泡的面团试样　9. 处于低位的活塞

（2）吹泡

按下启/停键开始测试。

（3）结束吹泡　一旦面泡破裂，按下启/停键。装有水压力记录器的仪器，应将记录鼓转回到其初始位置即曲线原点。

对其余4份试样，重复（1）试样放置和（2）吹泡步骤，共得到5条吹泡曲线。

擦净揉面钵及吹泡器。

各操作步骤中需加的油量，按使用说明书要求滴加。

## 四、实验现象与结果

### 1. 平均值

以 5 条曲线的平均值进行计算，如果其中一条曲线与其余曲线有明显差异，特别是面泡提前破裂应将其删除，不进入平均值计算（图 2 - 9）。

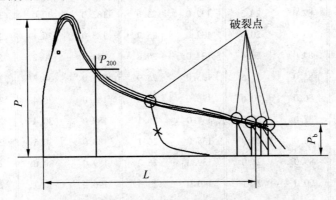

**图 2 - 9　吹泡曲线**（有 × 符号是异常曲线，应剔除）

### 2. 最大压力 $P$

$P$ 值与面泡内最大压力值成正比，与面团形变阻力有关，$P$ 值等于曲线最大纵坐标值乘以压力记录器的系数 $k$（为 1.1）（对于 K2 型的压力记录器，系数 $k$ 为 2.0）。

**表 2 - 7　$L$ 值与 $G$ 值换算表**

| $L$/mm | $G$/mL | $L$/mm | $G$/mL | $L$/mm | $G$/mL | $L$/mm | $G$/mL | $L$/mm | $G$/mL |
|---|---|---|---|---|---|---|---|---|---|
| 13.0 | 8.0 | 63.0 | 17.7 | 113.0 | 23.7 | 163.0 | 28.4 | 213.0 | 32.5 |
| 14.0 | 8.3 | 64.0 | 17.8 | 114.0 | 23.8 | 164.0 | 28.5 | 214.0 | 32.6 |
| 15.0 | 8.6 | 65.0 | 17.9 | 115.0 | 23.9 | 165.0 | 28.6 | 215.0 | 32.6 |
| 16.0 | 8.9 | 66.0 | 18.1 | 116.0 | 24.0 | 166.0 | 28.7 | 216.0 | 32.7 |
| 17.0 | 9.2 | 67.0 | 18.2 | 117.0 | 24.1 | 167.0 | 28.8 | 217.0 | 32.8 |
| 18.0 | 9.4 | 68.0 | 18.4 | 118.0 | 24.2 | 168.0 | 28.9 | 218.0 | 32.9 |
| 19.0 | 9.7 | 69.0 | 18.5 | 119.0 | 24.3 | 169.0 | 28.9 | 219.0 | 32.9 |
| 20.0 | 10.0 | 70.0 | 18.6 | 120.0 | 24.4 | 170.0 | 29.0 | 220.0 | 33.0 |
| 21.0 | 10.2 | 71.0 | 18.8 | 121.0 | 24.5 | 171.0 | 29.1 | 221.0 | 33.1 |
| 22.0 | 10.4 | 72.0 | 18.9 | 122.0 | 24.6 | 172.0 | 29.2 | 222.0 | 33.2 |
| 23.0 | 10.7 | 73.0 | 19.0 | 123.0 | 24.7 | 173.0 | 29.3 | 223.0 | 33.2 |
| 24.0 | 10.9 | 74.0 | 19.1 | 124.0 | 24.8 | 174.0 | 29.4 | 224.0 | 33.3 |
| 25.0 | 11.1 | 75.0 | 19.3 | 125.0 | 24.9 | 175.0 | 29.4 | 225.0 | 33.4 |
| 26.0 | 11.4 | 76.0 | 19.4 | 126.0 | 25.0 | 176.0 | 29.5 | 226.0 | 33.5 |
| 27.0 | 11.6 | 77.0 | 19.5 | 127.0 | 25.1 | 177.0 | 29.6 | 227.0 | 33.5 |
| 28.0 | 11.8 | 78.0 | 19.7 | 128.0 | 25.2 | 178.0 | 29.7 | 228.0 | 33.6 |

（续）

| L/mm | G/mL | L/mm | G/mL | L/mm | G/mL | L/mm | G/mL | L/mm | G/mL |
|---|---|---|---|---|---|---|---|---|---|
| 29.0 | 12.0 | 79.0 | 19.8 | 129.0 | 25.3 | 179.0 | 29.8 | 229.0 | 33.7 |
| 30.0 | 12.2 | 80.0 | 19.9 | 130.0 | 25.4 | 180.0 | 29.9 | 230.0 | 33.8 |
| 31.0 | 12.4 | 81.0 | 20.0 | 131.0 | 25.5 | 181.0 | 29.9 | 231.0 | 33.8 |
| 32.0 | 12.6 | 82.0 | 20.2 | 132.0 | 25.6 | 182.0 | 30.0 | 232.0 | 33.9 |
| 33.0 | 12.8 | 83.0 | 20.3 | 133.0 | 25.7 | 183.0 | 30.1 | 233.0 | 34.0 |
| 34.0 | 13.0 | 84.0 | 20.4 | 134.0 | 25.8 | 184.0 | 30.2 | 234.0 | 34.1 |
| 35.0 | 13.2 | 85.0 | 20.5 | 135.0 | 25.9 | 185.0 | 30.3 | 235.0 | 34.1 |
| 36.0 | 13.4 | 86.0 | 20.6 | 136.0 | 26.0 | 186.0 | 30.4 | 236.0 | 34.2 |
| 37.0 | 13.5 | 87.0 | 20.8 | 137.0 | 26.1 | 187.0 | 30.4 | 237.0 | 34.3 |
| 38.0 | 13.7 | 88.0 | 20.9 | 138.0 | 26.1 | 188.0 | 30.5 | 238.0 | 34.3 |
| 39.0 | 13.9 | 89.0 | 21.0 | 139.0 | 26.2 | 189.0 | 30.6 | 239.0 | 34.4 |
| 40.0 | 14.1 | 90.0 | 21.1 | 140.0 | 26.3 | 190.0 | 30.7 | 240.0 | 34.5 |
| 41.0 | 14.3 | 91.0 | 21.4 | 141.0 | 26.4 | 191.0 | 30.8 | 241.0 | 34.6 |
| 42.0 | 14.4 | 92.0 | 21.5 | 142.0 | 26.5 | 192.0 | 30.8 | 242.0 | 34.6 |
| 43.0 | 14.6 | 93.0 | 21.5 | 143.0 | 26.6 | 193.0 | 30.9 | 243.0 | 34.7 |
| 44.0 | 14.8 | 94.0 | 21.6 | 144.0 | 26.7 | 194.0 | 31.0 | 244.0 | 34.8 |
| 45.0 | 14.9 | 95.0 | 21.7 | 145.0 | 26.8 | 195.0 | 31.1 | 245.0 | 34.8 |
| 46.0 | 15.1 | 96.0 | 21.8 | 146.0 | 26.9 | 196.0 | 31.2 | 246.0 | 34.9 |
| 47.0 | 15.3 | 97.0 | 21.9 | 147.0 | 27.0 | 197.0 | 31.2 | 247.0 | 35.0 |
| 48.0 | 15.4 | 98.0 | 22.0 | 148.0 | 27.1 | 198.0 | 31.3 | 248.0 | 35.1 |
| 49.0 | 15.6 | 99.0 | 22.1 | 149.0 | 27.2 | 199.0 | 31.4 | 249.0 | 35.1 |
| 50.0 | 15.7 | 100.0 | 22.3 | 150.0 | 27.3 | 200.0 | 31.5 | 250.0 | 35.2 |
| 51.0 | 15.9 | 101.0 | 22.4 | 151.0 | 27.4 | 201.0 | 31.6 | 251.0 | 35.3 |
| 52.0 | 16.1 | 102.0 | 22.5 | 152.0 | 27.4 | 202.0 | 31.6 | 252.0 | 35.3 |
| 53.0 | 16.2 | 103.0 | 22.6 | 153.0 | 27.5 | 203.0 | 31.7 | 253.0 | 35.4 |
| 54.0 | 16.4 | 104.0 | 22.7 | 154.0 | 27.6 | 204.0 | 31.8 | 254.0 | 35.5 |
| 55.0 | 16.5 | 105.0 | 22.8 | 155.0 | 27.7 | 205.0 | 31.9 | 255.0 | 35.5 |
| 56.0 | 16.7 | 106.0 | 22.9 | 156.0 | 27.8 | 206.0 | 31.9 | 256.0 | 35.6 |
| 57.0 | 16.8 | 107.0 | 23.0 | 157.0 | 27.9 | 207.0 | 32.0 | 257.0 | 35.7 |
| 58.0 | 17.0 | 108.0 | 23.1 | 158.0 | 28.0 | 208.0 | 32.1 | 258.0 | 35.8 |
| 59.0 | 17.1 | 109.0 | 23.2 | 159.0 | 28.1 | 209.0 | 32.2 | 259.0 | 35.8 |
| 60.0 | 17.2 | 110.0 | 23.3 | 160.0 | 28.2 | 210.0 | 32.3 | 260.0 | 35.9 |
| 61.0 | 17.4 | 111.0 | 23.5 | 161.0 | 28.2 | 211.0 | 32.3 | 261.0 | 36.0 |
| 62.0 | 17.5 | 112.0 | 23.6 | 162.0 | 28.3 | 212.0 | 32.4 | 262.0 | 36.0 |

**3. 破裂点横坐标 $L$**

在基准压力线上测量出每根曲线 $P$ 压力值骤然下降的横坐标值,以平均值表示 $L$ 值。

**4. 充气指数 $G$**

$G$ 值由破裂点横坐标值 $L$ 换算而得,该数值是充气体积的平方根(不包括试样脱粘所用的空气体积),可从表 2-7 中查出与 $L$ 值相应的 $G$ 值。表 2-7 系根据式(2-43)进行换算:

$$G = 2.226\sqrt{L} \tag{2-43}$$

**5. 破裂压力 $P_b$**

$P_b$ 值与破裂点压力值成正比,等于破裂点平均纵坐标值乘以压力记录器的系数 $k$(为 1.1)(对于 K2 型的压力记录仪,系数 $k$ 为 2.0)。

**6. 弹性指数 $I_e$**

$I_e$ 是 $P_{200}$ 与 $P$ 的百分比值($P_{200}/P$)。$P_{200}$ 是当面泡内注入 200mL 空气时面泡内部压力,即横坐标 40.4mm 处($G=14.1$)平均纵坐标值乘以压力记录仪的系数 $k$(为 1.1)(对于 K2 型的压力记录仪,系数 $k$ 为 2.0)。

**7. 曲线形状比值 $P/L$**

$P$ 对 $L$ 的比值是曲线形状比值。

**8. 形变能量 $W$**

1g 面团充气变形直至破裂所需的能量,以 $10^{-4}$ J 表示。用 $P$、$L$ 值建立一根平均曲线代替实际曲线,用求积仪或求积模板测量曲线面积(以 $cm^2$ 表示)。

计算 $W$ 值有规范计算法和实用计算法两种:

(1)规范计算法

$$W = 1.32 \times \frac{V}{L} \times S \tag{2-44}$$

式中:$V$——充气体积,mL,等于充气指数 $G$ 的平方;

$L$——破裂点横坐标,mm;

$S$——曲线内面积,$cm^2$;

1.32——系数。该系数涉及曲线纵坐标值与压力值的关系、压力记录器系数、测定面团的质量、第一代仪器与现代仪器关系等因素。

(2)实用计算法

$$W = 6.54 \times S \tag{2-45}$$

式中:$S$——曲线内面积,$cm^2$;

6.54——系数。在如下条件下有效:水压力记录器的记录鼓线转动速度,从限位块至限位块为 55s;吹泡空气流速为 96L/h;水压记录器系数 $k=1.1$。

**9. 触摸屏记录仪(Alveolink)或积分记录仪(RCV4)**

触摸屏记录仪(Alveolink)或积分记录仪(RCV4)可替代压力记录器进行自动记录、计算、显示吹泡曲线和测定结果。触摸屏记录仪 $W$ 值按式(2-45)计算,而积分记录仪

$IV$ 值按式(2-46)计算，$P/L$ 值用 $P$ 和 $L$ 的平均值计算，而不是几个 $P/L$ 值的平均值。

$$W = 7.16 \times S \qquad\qquad (2-46)$$

### 10. 结果表示

所得数值应以如下方式表示：

——$P$ 和 $P_{200}$ 精确至 0.1 单位。

——$L$ 和 $P$ 精确至整数单位。

——$G$ 精确至 0.1 单位。

——$W$ 精确至整数单位($10^{-4}$J)。

——$P/L$ 精确至 0.01。

——$I_e$ 精确至 0.1%。

## 【注意事项】

由制造厂家提供的有面粉水分含量刻度的滴定管，在面粉水分含量低于 10.5% 时，无法将所需体积的氯化钠溶液加入滴管。在这种情况下，首先加入相当于水分含量为 12% 的氯化钠溶液，即 138.3mL。然后，用刻度分格为 0.1mL 的 25mL 吸量管加入体积相当于表 2-7 中所列数值与 138.3mL 差的氯化钠溶液。

# Ⅱ  拉伸仪法

## 一、实验原理

在规定条件下用粉质仪将小麦粉、水和盐制备成面团。从该面团中分出测试面块。将测试面块用拉伸仪的揉圆器揉圆，用成型器搓条使之成为标准形状。放置一定时间后，拉伸测试面块直至断裂并记录所需的拉伸阻力。第一次拉伸完成后，立即用同一面块再成型、放置并拉伸，重复操作进行第二次测试。所得曲线的形状和大小可以表征影响烘焙品质的小麦粉面团的物理特性。

## 二、实验仪器、试剂与材料

### 1. 实验仪器

(1)拉伸仪  带有水浴恒温控制装置(图 2-10)。

具有如下操作特性：

——揉圆器转速：$(83 \pm 3)$r/min。

——成型器转速：$(15 \pm 1)$r/min。

——拉钩上下移动速度：$(1.45 \pm 0.05)$cm/s。

——记录纸速：$(0.65 \pm 0.01)$cm/s。

——每拉伸仪单位施加的阻力：$(12.3 \pm 0.3)$mN/E. U. [$(1.25 \pm 0.03)$gf/E. U. ]。

注：有些仪器对于每单位偏转施加的阻力有不同的校正值。使用此种仪器时，可使用所有的操作步骤，但在与按上述方法校正的仪器进行比较时，必须报告所采用的不同校正值。

（2）粉质仪 具有符合 GB/T 14614—2006 规定的操作特性和滴定管，与之连接的恒温控制装置与拉伸仪连接的恒温控制装置相类似。

（3）天平 感量 0.1g。

（4）刮刀 由软塑料制成。

（5）三角瓶 容量为 250mL。

**2. 实验试剂**

（1）仅使用确认为分析纯的试剂及蒸馏水、去离子水或相当纯度的水。

（2）氯化钠。

**3. 实验材料**

小麦粉。

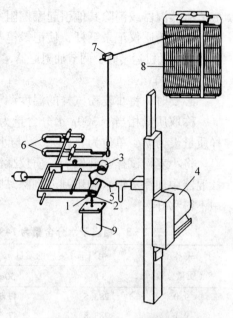

**图 2−10 拉伸仪结构图**
1. 测试面块  2. 托架  3. 托架用夹钳
4. 电动机  5. 拉面钩  6. 杠杆系统
7. 平衡器  8. 记录器  9. 阻尼器

## 三、实验方法与步骤

**1. 小麦粉水分含量测定**

按 ISO 712—1998 规定的方法测定小麦粉水分含量。

**2. 准备仪器**

（1）接通粉质仪恒温控制装置的电源，使水循环，达到所需温度后方可使用仪器。在仪器使用前和使用过程中，均应核对下列温度：

——恒温控制装置的水浴温度。

——粉质仪揉面钵上测温孔的温度。

——拉伸仪醒发箱内的温度。

所有的温度均应保持为(30 ± 0.2)℃。

（2）将托架和夹钳放在拉伸仪测定系统的支架上，加上 150g 砝码，调节拉伸仪记录笔的笔杆，使得带有夹钳和 150g 砝码的托架放置就位时，读数为零。

（3）使用前在每个托架的托盘上注入少量水，并将托盘、托架和夹钳放入醒发箱中至少 15min。

（4）从粉质仪驱动轴端卸开揉混器，调节平衡锤的位置，使电动机在规定转速下运转时指针的偏转为零。关闭电动机，装上揉混器。

（5）用温度为(30 ± 0.5)℃的水注满粉质仪的滴定管。

用一滴水润湿搅拌刀与揉混器后壁间的缝隙。在洁净的空揉面钵中，使搅拌刀在规定的转速下转动，检查指针的偏转应在(0 ± 5)FU 范围内。如果偏转大于 5FU，则应彻底清洁揉混器或消除其他引起摩擦阻力的因素。

调节粉质仪记录笔杆，使记录笔与指针的读数一致。

在电动机运转时，调节油阻尼器，使指针从1 000FU到100FU所需时间为(1.0±0.2)s。

**3. 试样**

必要时，将小麦粉试样的温度调节至(25±5)℃。

称取质量相当于300g水分含量为14%(质量分数)的小麦粉试样，精确至0.1g。试样质量设为m，单位为克(g)；m与水分含量的函数关系见表2-8。

将小麦粉试样全部倒入粉质仪揉混器中，盖上盖子，直至揉混结束。除短时间内往揉混器中加注蒸馏水和用刮刀刮除黏附在内壁上的碎面块外，揉混器的盖子在测定过程中不得移开。

表2-8　相当于水分含量为14%(质量分数)的300g和50g小麦粉的质量数值

| 水分/% (质量分数) | 相当于小麦粉的质量 m/g | | 水分/% (质量分数) | 相当于小麦粉的质量 m/g | |
|---|---|---|---|---|---|
| | 300g | 50g | | 300g | 50g |
| 9.0 | 283.5 | 47.3 | 9.8 | 286 | 47.7 |
| 9.1 | 283.8 | 47.3 | 9.9 | 286.3 | 47.7 |
| 9.2 | 284.1 | 47.4 | 10.0 | 286.7 | 47.8 |
| 9.3 | 284.5 | 47.4 | 10.1 | 287.0 | 47.8 |
| 9.4 | 284.8 | 47.5 | 10.2 | 287.3 | 47.9 |
| 9.5 | 285.1 | 47.5 | 10.3 | 287.6 | 47.9 |
| 9.6 | 284.4 | 47.6 | 10.4 | 287.9 | 48.0 |
| 9.7 | 285.7 | 47.6 | 10.5 | 288.3 | 48.0 |
| 10.6 | 288.6 | 48.1 | 15.2 | 304.2 | 50.7 |
| 10.7 | 288.9 | 48.2 | 15.3 | 304.6 | 50.8 |
| 10.8 | 289.2 | 48.2 | 15.4 | 305.0 | 50.8 |
| 10.9 | 289.6 | 48.3 | 15.5 | 305.3 | 50.9 |
| 11.0 | 289.9 | 48.3 | 15.6 | 305.7 | 50.9 |
| 11.1 | 290.2 | 48.4 | 15.7 | 306.0 | 51.0 |
| 11.2 | 290.5 | 48.4 | 15.8 | 306.4 | 51.1 |
| 11.3 | 290.9 | 48.5 | 15.9 | 306.8 | 51.1 |
| 11.4 | 291.2 | 48.5 | 16.0 | 307.1 | 51.2 |
| 11.5 | 291.5 | 48.6 | 16.1 | 307.5 | 51.3 |
| 11.6 | 291.9 | 48.6 | 16.2 | 307.9 | 51.3 |
| 11.7 | 292.2 | 48.7 | 16.3 | 308.2 | 51.4 |
| 11.8 | 292.5 | 48.8 | 16.4 | 308.6 | 51.4 |
| 11.9 | 292.8 | 48.8 | 16.5 | 309.0 | 51.5 |
| 12.0 | 293.2 | 48.9 | 16.6 | 309.4 | 51.6 |
| 12.1 | 293.5 | 48.9 | 16.7 | 309.7 | 51.6 |
| 12.2 | 293.8 | 49.0 | 16.8 | 310.1 | 51.7 |

（续）

| 水分/% （质量分数） | 相当于小麦粉的质量 $m$/g | | 水分/% （质量分数） | 相当于小麦粉的质量 $m$/g | |
|---|---|---|---|---|---|
| | 300g | 50g | | 300g | 50g |
| 12.3 | 294.2 | 49.0 | 16.9 | 310.5 | 51.7 |
| 12.4 | 294.5 | 49.1 | 17.0 | 310.8 | 51.8 |
| 12.5 | 294.9 | 49.1 | 17.1 | 311.2 | 51.9 |
| 12.6 | 295.2 | 49.2 | 17.2 | 311.6 | 51.9 |
| 12.7 | 295.5 | 49.3 | 17.3 | 312.0 | 52.0 |
| 12.8 | 295.9 | 49.3 | 17.4 | 312.3 | 52.1 |
| 12.9 | 296.2 | 49.4 | 17.5 | 312.7 | 52.1 |
| 13.0 | 296.6 | 49.4 | 17.6 | 313.1 | 52.2 |
| 13.1 | 296.9 | 49.5 | 17.7 | 313.5 | 52.2 |
| 13.2 | 297.2 | 49.5 | 17.8 | 313.9 | 52.3 |
| 13.3 | 297.6 | 49.6 | 17.9 | 314.3 | 52.4 |
| 13.4 | 297.9 | 49.7 | 18.0 | 314.6 | 52.4 |
| 13.5 | 298.3 | 49.7 | | | |

注：可按下列公式计算本表中的值：

a. 相当于300g 14%水分的小麦粉的质量数值，单位为g：$m = 25\,800/(100 - H)$

b. 相当于50g 14%水分的小麦粉的质量数值，单位为g：$m = 4\,300/(100 - H)$

其中，$H$ 为以质量分数表示的样品的水分含量。

### 4. 制备面团

（1）在三角瓶中加（6.0±0.1）g 氯化钠，用滴定管加入大约 135mL 水将其溶解。对于吸水量低的小麦粉，加入较少量的水。

（2）启动粉质仪的揉混器，以规定的转速揉混小麦粉 1min 或略长时间。当笔尖正好处于记录纸上的整分钟刻度线时，立即通过粉质仪揉混器盖的中心孔经漏斗注入氯化钠溶液。

为了减少等待时间，在揉混小麦粉时可向前转动记录纸。切勿倒转。

注：在老式的粉质仪中，揉面钵盖为单层塑料板，氯化钠溶液由揉面钵右前角注入。

用滴定管从揉混器右前角加水，加入的水量大致相当于预计在揉混 5min 后面团稠度为 500FU 时所需的水量。当面团形成时，在不停机状态下，用刮刀将黏附在揉面钵四壁上的所有碎面块刮入面团中。如果稠度太大，可补加少量水，使揉混 5min 后的面团达 500FU。停止揉混，清洗揉混器。

注：若第一次揉混的面团已满足（3）的要求，则可用其作为测试面块进行成型操作并拉伸。

（3）根据需要多次称取试样进行重复操作，直至面团符合以下要求：

——将氯化钠溶液和水在 25s 内加完。

——揉混5min后，测定曲线中心的稠度在480~520FU之间。

——揉混时间为$(5 \pm 0.1)$min。

此后，停止揉混。

（4）从拉伸仪醒发箱中取一个带有两个托架的托盘；卸下夹钳。从揉混器中取出面团，从该面团中称取一个$(150 \pm 0.5)$g的测试面块，置于揉圆器中并在圆盘上转揉20次。从揉圆器中取出测试面块，确保其底面能首先进入成型器后部入口处的中央，使其通过成型器一次搓揉成型。成型完毕的面棒滚动移出成型器落在托架中央，并用夹钳夹住。设定时间为45min。称取第二个测试面块，以同样的方式揉圆、成型和夹持。将带有两套托架和测试面块的托盘放入醒发箱。

清洗粉质仪揉混器。

**5. 测定**

（1）在第一个测试面块恒温到45min时，将第一个托架放在拉伸仪的平衡臂上；托架上两挂钩之间的连接桥应位于左侧，以免在拉伸时触及拉面钩。调节记录笔的零点。立即启动拉面钩。观察测试面块。样品断裂后，取下托架。

注：在新式拉伸仪上，拉面钩会自动回到最高点。老式拉伸仪则需在测试面块断裂后关机并再次启动，使拉面钩回到最高点。

（2）收集托架和拉面钩上的面块。按4.制备面团（4）中所述，用此面块重复揉圆和成型的操作。重新设定计时器为45min。

（3）将记录纸转回到与第一个测试面块相同的起始位置。对第二个测试面块进行拉伸操作。收集托架和拉面钩上的面块。按4.制备面团（4）中所述，用此面块重复揉圆和成型的操作并放入醒发箱中。

（4）按（1）至（3）中所述，重复拉伸、揉圆和成型的操作，并将成型的面块放回醒发箱。这些操作应在面团揉混结束约90min时进行。

（5）重复（1）所述的操作，依次拉伸两个面块。这些操作应在揉混结束约135min时进行。

（6）为了节省时间快速进行测定，也可采用另一种操作步骤。它与标准步骤的区别在于恒温静置时间。将在面团揉混后45min、90min和135min进行拉伸改为在揉混后30min、60min和90min进行拉伸。所得曲线的形状和大小与标准拉伸曲线不同。当使用快速程序时，需要在实验报告中注明。

## 四、实验现象与结果

**1. 吸水量**

计算拉伸仪吸水量，以每100g水分含量为14%（质量分数）的小麦粉所需添加的水量（mL）表示。

**2. 拉伸阻力**

（1）最大拉伸阻力　最大拉伸阻力$R_m$以两个测试面块获得的拉伸曲线（图2-11）的最大高度的平均值计，二者之间的差值应不大于其平均值的15%。

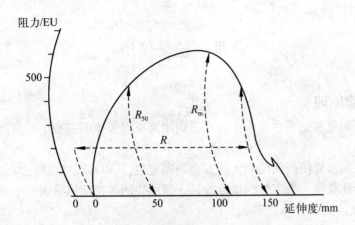

图 2-11  标有常规测试指标的典型拉伸图

（2）恒定变形拉伸阻力  某些操作者喜欢测定测试面块在固定延伸量时所得曲线的高度，这通常相当于记录纸运行 50mm 处所得曲线的高度。从拉面钩接触测试面块即拉伸阻力从零突然改变的时刻开始计算。

测定恒定变形拉伸阻力 $R_{50}$，以两个测试面块获得的记录 50mm 处拉伸曲线的高度（图 2-11）的平均值计，二者之间的差值应不大于其平均值的 15%。

### 3. 延伸性

延伸性 $E$ 是从拉面钩接触测试面块开始至测试面块（条形面块）断裂为止记录纸移动的距离。在拉伸曲线上，断裂点由一个平滑并几乎回落到零点或曲线中一个尖锐断点来判断（图 2-11）。

延伸性测试结果以两个测试面块拉伸曲线上距离的平均值计，二者之间的差值应不大于其平均值的 9%。

### 4. 能量

能量被定义为记录曲线所包含的面积。能量描述拉伸测试面块时所做的功。面积可用求积仪测量并以平方厘米（$cm^2$）表示。

### 5. R/E 比值

$R/E$ 比值是 $R_m$ 或 $R_{50}$ 与延伸度的商。该比值是评价面团特性的一个辅助因素。

## 【注意事项】

1. 对于表面黏性大的面团，可在将其放入成型器之前撒少量的米粉或淀粉。

2. 在面团有较强回弹性的情况下，应将夹钳下压数秒，以确保面块被完全固定。

3. 由于托架下降，在记录纸记录 50mm 处，延伸阻力较大的测试面块的延伸度小于延伸阻力较小的测试面块。

4. 断裂点后的记录取决于杠杆系统的惯性和测试面块两侧断裂时的时间间隔。就延伸性的测量来说，可以假定延伸曲线是从断裂点开始沿弧形纵坐标（图 2-11 中的虚线）下划至零点。为了识别曲线上的断裂点，必须注意观察测试面块的断裂。

# Ⅲ 粉质仪法

## 一、实验原理

用粉质仪测量和记录小麦粉在加水后面团形成以及扩展过程中的稠度随时间变化的曲线。

通过调整加水量使面团的最大稠度达到固定值(500FU),此时的加水量被称为小麦粉吸水量,由此获得一条完好的揉混曲线,该曲线的各特征值可表征小麦粉的流变学特性(面团强度)。

## 二、实验仪器、试剂与材料

### 1. 实验仪器

(1)粉质仪 带有水浴恒温控制装置(图2-12)。

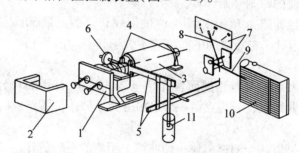

**图2-12 粉质仪结构图**

1. 带搅拌叶片的揉混器后面板 2. 揉面体(揉混器其余部分)
3. 电机和齿轮组机箱 4. 滚珠轴承 5. 杠杆 6. 平衡锤
7. 刻度盘表头 8. 指针 9. 记录笔架 10. 记录器 11. 油阻尼器

粉质仪具有如下操作特性:

——慢搅拌叶片转速:$(63 \pm 2)$ r/min;快慢搅拌叶片的转速比为$(1.50 \pm 0.01):1$。

——每粉质仪单位的扭力矩:300g揉混器为$(9.8 \pm 0.2)$ mN. m/FU [$(100 \pm 2)$ gf. cm/FU];50g揉混器为$(1.96 \pm 0.04)$ mN. m/FU[$(20 \pm 0.4)$ gf. cm/FU]。

——记录纸速度:$(1.00 \pm 0.03)$ cm/min。

(2)滴定管 用于300g揉混器,起止刻度线从135~225mL,刻度0.2mL;用于50g揉混器,起止刻度线从22.5~37.5mL,刻度0.1mL。

从0~225mL或从0~37.5mL的排水时间均不超过20s。

(3)天平 称量精度为$\pm 0.1$g。

(4)刮刀 由软塑料制成。

### 2. 实验试剂

蒸馏水或相当纯度的水。

**3. 实验材料**

小麦粉。

## 三、实验方法与步骤

### 1. 小麦粉水分含量的测定

按 ISO 712—1998 规定的方法测定小麦粉的水分含量。

### 2. 准备仪器

(1) 接通粉质仪恒温控制装置的电源并使水循环，揉面钵达到所需温度（30 ±
0.2）℃后方可使用仪器。在仪器使用前和使用过程中，应随时检查恒温水浴和揉面钵
的温度。揉面钵上设有测温孔。

(2) 从驱动轴端卸下揉混器，调节平衡锤的位置，使电动机在规定转速下运转时指
针的偏转为零。关闭电动机，重新装上揉混器。

用一滴水润滑搅拌叶片与揉混器后面板间的缝隙处。在洁净的空揉面钵中，使搅拌
叶片在规定的转速下转动，检查指针的偏转应在（0 ± 5）FU 范围内。如果偏转大于
5FU，则应彻底清洁揉混器或消除其他引起摩擦阻力的因素。

调节记录笔架，使记录笔与指针的读数一致。

在电动机运转时，调节油阻尼器，使指针从 1 000 ～ 100FU 所需时间为（1.0 ±0.2）
s，从而使得曲线带宽为 60 ～ 90FU。

(3) 用温度为（30 ±0.5）℃的水注满滴定管。

### 3. 试样

必要时，应将小麦粉的温度调节至（25 ±5）℃。

称取质量相当于 300g（300g 揉混器）或 50g（50g 揉混器）水分含量为 14%（质量分
数）的小麦粉试验样品，精确至 0.1g。试验样品质量设为 $m$，单位为 g；$m$ 与水分含量
的函数关系见表 2 - 9。

将小麦粉全部倒入揉混器中，盖好盖子，直至揉混结束，除在短时间内往揉混器里
加注蒸馏水和用刮刀刮除黏附在内壁上的碎面块外，揉混器上盖在测定过程中不得
移开。

### 4. 测定

(1) 启动揉混器，以规定的转速揉混小麦粉 1min 或略长时间。当笔尖正好处于记
录纸上的整分钟刻度线时，立即用滴定管自揉混器盖的右前角加水，并于 25s 内完成。

注：为了减少等待时间，在揉混小麦粉时可向前转动记录纸。切勿反向转动。

加入一定量的水以使面团的最大稠度接近于 500FU。当面团形成时，在不停机的状
态下，用刮刀将黏附在揉面钵内壁的所有碎面块刮入面团中。如果稠度太大，可补加少
量水使最大稠度约为 500FU。停止揉混，清洗揉混器。

(2) 根据需要进行重复测定，直至两次揉混符合以下要求：

——在 25s 内完成加水操作。

——最大稠度在 480 ～ 520FU 之间。

——如果需要报告弱化度，则在到达形成时间后继续记录至少12min。
停止揉混并清洗揉混器。

## 四、实验现象与结果

### 1. 吸水量

与最大稠度为500FU相对应的校正加水量$V_C$，由最大稠度在480~520FU之间的揉混试验得出，数值以毫升数表示，按式(2-47)(对于300g揉混器)和式(2-48)(对于50g揉混器)计算：

$$V_c = V + 0.096(C - 500) \tag{2-47}$$
$$V_c = V + 0.016(C - 500) \tag{2-48}$$

式中：$V$——自滴定管加入小麦粉中的水的体积，mL；

$C$——最大稠度，单位为粉质仪单位(FU)(图2-13)，按式(2-49)计算：

$$C = \frac{C_1 + C_2}{2} \tag{2-49}$$

式中：$C_1$——曲线上轮廓的最高点的数值，单位为粉质仪单位(FU)；

$C_2$——曲线下轮廓的最高点的数值，单位为粉质仪单位(FU)。

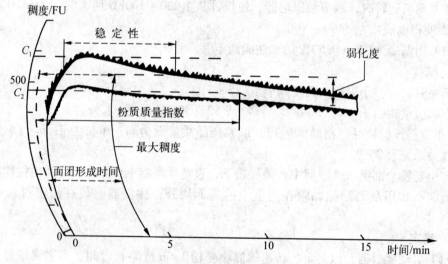

图2-13 标有常规测定指标的典型粉质曲线

为计算双试验$V_C$的平均值，规定其差值不大于2.5mL(300g揉混器)或0.5mL(50g揉混器)。

粉质仪吸水量以每100g水分含量为14%的小麦粉所需添加的水量(mL)表示，按式(2-50)(对于300g揉混器)和式(2-51)(对于50g揉混器)计算：

$$(\bar{V} + m - 300) \times \frac{1}{3} \tag{2-50}$$
$$(\bar{V} + m - 50) \times 2 \tag{2-51}$$

式中：$\overline{V}$——对应于最大稠度为 500FU 时的校正加水量的平均值，mL；

　　$m$——由表 2-9 查取的试料质量的数值，g。

报告结果精确到 0.1mL/100g。

**2. 面团形成时间**

以从加水点起，至粉质曲线到达最大稠度后开始下降的时刻点的时间间隔表示面团形成时间(图 2-15)。

取来自于两条曲线的面团形成时间的平均值作为实验结果，精确到 0.5min。当面团形成时间小于或等于 4min 时，双试验差值不超过 1min；超过 4min 时，双试验差值应不大于其平均值的 25%。

**3. 稳定性(稳定时间)**

以粉质曲线的上边缘首次与 500FU 标线相交至下降离开 500FU 标线两点之间的时间差值表示稳定性，精确到 0.5min(图 2-13)。通常，此数值可表示小麦粉的耐搅拌特性。

当最大稠度偏离 500FU 标线时(图 2-13)，应使用平行于 500FU 标线的最大稠度中心线来评价。

**4. 弱化度**

以面团到达形成时间点时曲线带宽的中间值和此点后 12min 处曲线带宽的中间值之间高度的差值表示弱化度(图 2-13)。

取两条曲线测定的弱化度的平均值作为实验结果，精确到 5FU。当弱化度不超过 100FU 时，双试验差值不超过 20FU；弱化度数值较大时，应不大于平均值的 20%。

**5. 其他特征值**

(1) 1~4 给出的曲线特征值严格取自所记录的曲线(图 2-13)。

(2) 某些国家计算粉质质量指数，是沿着时间轴从加水点起，至比最大稠度中心线衰减 30FU 处的长度，单位为毫米(mm)。

注：粉质质量指数可以代替或与稳定性和弱化度一起报告。用粉质质量指数代替稳定性和弱化度可缩短总的揉混时间，尤其适用于由较弱的小麦粉制备面团的场合。在粉质质量指数、稳定性和弱化度三者之间各自存在良好的相关性。

(3) 在美国和其他某些国家，用如下特征值说明所记录的曲线：到达时间、峰值时间、公差时间、离开时间、20min 下降值、衰减时间以及评价值。其中，某些特征值由其他途径定义，不能与本方法中的特征值对比。

**【注意事项】**

1. 在吸水量的计算中，在极少数情况下可观测到两个最大值，这时取较高的峰值。

2. 在面团形成时间的计算中，在极少数情况下可以观测到两个最大值，用第二个最大值计算形成时间。

**【思考与讨论】**

1. 面团中哪种成分影响面泡的大小?
2. 怎样保证测量值的准确性?
3. 为什么弱筋面粉的测量精确度不如强筋面粉?
4. 调整加水量时需要注意哪几个方面?

# 第三章　植物油脂的生产及检验实验

## 实验十七　油脂的提取及含量的测定

### 一、实验目的
掌握大豆油脂的索氏提取方法，并通过实验学习油料的粗脂肪含量的测定。

### 二、实验原理
根据脂肪能溶于乙醚等有机溶剂的特性，将试样置于连续抽提器——索氏抽提器中，用乙醚连续提取试样，被抽提物的脂肪在下部的烧瓶中逐渐浓集，直至将试样中的脂肪全部收集到烧瓶中，蒸发去除乙醚，干燥后称量提取物的质量，即可测得粗脂肪的含量。

### 三、实验仪器、试剂与材料
#### 1. 实验仪器
分析天平(感量 0.1mg)，电热恒温箱，电热恒温水浴锅，粉碎机，研钵，备有变色硅胶的干燥器，滤纸筒(注：如无现成的滤纸筒，可取长 28cm、宽 17cm 的滤纸，用直径 2cm 的试管，沿滤纸长边卷成筒形，抽出试管至纸筒高的一半处，压平抽空部分，折过来，使之紧靠试管外层，用脱脂线系住，下部的折角向上折，压成圆形底部，抽出试管，即成直径 2cm、高约 7.5cm 的滤纸筒)，索氏提取器(各部件应洗净，在 105℃温度下烘干，其中抽提瓶烘至恒质)，圆孔筛(直径为 1mm)，广口瓶，脱脂线，脱脂细沙，脱脂棉(将医用级棉花浸泡在乙醚或己烷中 24h，其间搅拌数次，取出在空气中晾干)。

#### 2. 实验试剂
无水乙醚：分析纯。

注：不能用石油醚代替乙醚，因为石油乙醚不能溶解全部的植物脂类物质。

警告：溶剂应储存于合乎安全规定的溶剂室或溶剂柜中的金属容器中。乙醚和己烷极度易燃，进行分析操作的实验室不能有明火。操作者应避免吸入溶剂蒸气。应在装备有防爆的照明、配线和风扇并适合操作的通风罩中使用溶剂。乙醚有随储藏时间延长产生对撞击敏感、有爆炸性的过氧化物的趋势，打开新的乙醚储存容器时要逐个检查过氧化物；几个月未用过的乙醚再次使用时也要进行过氧化物检查。不要使用含有过氧化物的乙醚；含有过氧化物的乙醚应被作为危险物质进行处理。也可以使用进行过稳定处理的乙醚。将电气设备放在地上，保持在适合的工作位置。遵守制造商关于所有抽提仪器安装、操作和安全的建议。确认将萃取杯放入干燥炉前所有溶剂全部蒸发完，以避免起火或爆炸。

**3. 实验材料**

大豆。

## 四、实验方法与步骤

**1. 样品制备**

取除去杂质的干净试样 30～50g，磨碎，通过孔径为 1mm 的圆孔筛，然后装入广口瓶中备用。试样应研磨至适当的粒度，保证连续测定 10 次，测定的相对标准偏差 *RSD* ≤2.0%。

**2. 试样包扎**

从备用的样品中，用烘盒称取 2～5g 试样，在 105℃ 温度下烘 30min，趁热倒入研钵中，加入约 2g 脱脂细沙一同研磨。将试样和细沙研磨到出油状，完全转入滤纸筒内（筒底塞一层脱脂棉，并在 105℃ 温度下烘 30min），用脱脂棉蘸少量乙醚揩净研钵上的试样和脂肪，并入滤纸筒，最后再用脱脂棉塞入上部，压住试样。

**3. 抽提与烘干**

将抽提器安装妥当，然后将装有试样的滤纸筒置于抽提筒内，同时注入乙醚至虹吸管高度以上，待乙醚流净后，再加入乙醚至虹吸管高度的 2/3 处。用一小块脱脂棉轻轻地塞入冷凝管上口，打开冷凝管进水管，开始加热抽提。控制加热的温度，使冷凝的乙醚为每分钟 120～150 滴，抽提的乙醚每小时回流 7 次以上。抽提时间须视试样含油量而定，一般在 8h 以上，抽提至抽提管内的乙醚用玻璃片检查（点滴试验）无油迹为止。

抽净脂肪后，用长柄镊子取出滤纸筒，再加热使乙醚回流 2 次，然后回收乙醚，取下冷凝管和抽提筒，加热除尽抽提瓶中残余的乙醚，用脱脂棉蘸乙醚揩净抽提瓶外部，然后将抽提瓶在 105℃ 温度下烘 90min，再烘 20min，烘至恒质为止（前后两次质量差在 0.2mg 以内即视为恒质），抽提瓶增加的质量即为粗脂肪的质量。

## 五、实验现象与结果

粗脂肪湿基含量、干基含量和标准水和杂质下的含量分别按式(3-1)计算：

$$X_s = \frac{m_1}{m} \times 100$$

$$X_g = \frac{m_1}{m \times (100 - M)} \times 10\ 000$$

$$X_z = \frac{m_1 \times (100 - M_b)}{m \times (100 - M)} \times 100 \tag{3-1}$$

式中：$X_s$——湿基粗脂肪含量（以质量分数计），%；

$X_g$ ——干基粗脂肪含量(以质量分数计),%;

$X_z$ ——标准水和杂质下的粗脂肪含量(以质量分数计),%;

$m_1$ ——粗脂肪质量,g;

$m$ ——试样质量,g;

$M_b$ ——试样水分含量(以质量分数计),%;

$M$ ——试样标准水分、标准杂质之和,%。

双试验结果允许差不超过0.4%,求其算术平均数作为测定结果。测定结果保留小数点后1位数字。

## 【思考与讨论】

1. 为什么用索氏抽提器抽提试样脂肪时,应使用无水乙醚?

2. 试样粉碎的粒度不同,对粗脂肪的提取率有什么影响?

3. 为什么试样上要填塞脱脂棉?

4. 烧瓶放入烘箱前,为什么必须将乙醚除尽?

# 实验十八　大豆油的精炼

## 实验目的
通过本实验，掌握大豆油精炼相关实验技术。

# Ⅰ　油脂水化脱胶工艺实验

## 一、实验原理
压榨法或浸出法制取的油脂中，含有的胶体杂质主要为磷脂。当油中水分较少时，其中的磷脂呈内盐状态，极性极弱，溶于油脂；当油中加入适量的水后，磷脂吸水浸润，磷脂的成盐基团便和水结合，磷脂分子结构由内盐式转变为水化式，带有的较强的吸水基团使磷脂极易吸水水化；随着吸水量的增加，絮凝的临界温度提高，磷脂的体积膨胀，密度增加，从而自油中析出。应用一定的过滤或离心方法，就可以将油中沉积的磷脂分离出来，实现油脂的精炼。

## 二、实验仪器、试剂与材料
### 1. 实验仪器
电动搅拌器，高速离心机，烧杯(50mL、250mL、500mL)，水银温度计(100℃、200℃、300℃)，量筒(5mL、10mL、20mL)，电炉(500~1 000W)，石棉网，台式天平，干燥器，铁架台，铁夹，试管夹等。
### 2. 实验试剂
蒸馏水，0.5%的食盐水。
### 3. 实验材料
过滤除杂后的机榨豆油。

## 三、实验方法与步骤
(1)检查实验仪器，按图3-1安装实验设备。然后调试电动搅拌器，检查调速灵敏度。

(2)用天平称取100g粗油于500mL的烧杯中，将搅拌机的搅拌翅放入油中2/3处。

(3)接通电源在慢速搅拌下加热油样，根据各组所定工艺自行确定水温度及加水量(或电解质水溶液量)等操作条件。

(4)加热到所定温度后，适当调快搅拌速度，将称量好的水溶液用小滴缓慢加入油中，保持恒定温度搅拌 20~30min。

（5）水化反应后降低搅拌速度，促进胶体凝絮，仔细观察反应现象。待胶杂与油呈明显的分离状态时，停止搅拌。

（6）将水化油样转入离心管中，并与同批分离的试样调整好平衡（即通过添加一定量的水化净油，使之质量相等），记录添加净油重。

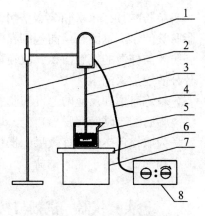

（7）将离心管置于离心架中，用手扳动转鼓轴，确认无故障后，扣上机盖，接通电源，开启离心机，缓慢加速到 3 000r/min，恒速分离 25min 后，切断电源，停机。

（8）待离心机停稳后，打开机盖。取出离心管，将上层水化油移入已知质量的 500mL 烧杯中。

**图 3-1　水化实验装置**
1. 电机　2. 铁架台　3. 搅拌翅
4. 导线　5. 烧杯　6. 石棉网
7. 电炉　8. 定时调速器

（9）盐析：将离心管中的磷脂等胶溶性杂质倒入250mL 烧杯中加热至 9.0~110℃，加入油脚重 4%~5% 的碾细食盐，稍加搅拌后静置沉淀至分离状态。用吸管将上层油移入上述已知质量的 500mL 烧杯中。

（10）盛水化油样的 500mL 烧杯置于电炉上，加热搅拌，进行脱水，先升温至100℃左右，脱水 10~15min，再升温至 125℃，脱水 10min，然后置于干燥器中观察透明度。确认合格后称重。

（11）取水化后油样约 30g 置于 50mL 烧杯中做 280℃ 加热试验，需在 10~15min 内将油温升至 280℃，然后观察有无析出物。

## 四、实验现象与结果

精炼率按式（3-2）计算：

$$精炼率(\%) = \frac{净油质量}{粗油质量} \times 100 \tag{3-2}$$

# Ⅱ　油脂碱炼脱酸工艺实验

## 一、实验原理

根据酸碱中和的反应原理，在油中加入一定量的碱液中和油中的游离脂肪酸：

$$RCOOH + NaOH \rightleftharpoons RCOONa + H_2O$$

碱与油中游离脂肪酸中和反应速度与油中游离脂肪酸含量及所加碱液的浓度有关。当用同样浓度的碱液碱炼时，酸价高的油脂比酸价低的油脂易于碱炼。当油脂酸价一定时，只有通过增加碱液浓度来提高碱炼速度，但碱液浓度增大，中性油皂化的机会也增加，所以碱炼时碱液浓度不能任意增大，否则影响精炼油得率。

脂肪酸具有亲水和疏水基团,当其与碱液接触时,由于亲水基团的物理化学特性,脂肪酸的亲水基团会定向包围在碱滴表面进行界面反应,因此,中和反应速度还取决于脂肪酸与碱液的接触面积,故在操作过程中碱液要用滴管慢慢滴加并强烈搅拌,使其充分分散地加入油中。

碱炼时中和反应的速度与脂肪酸和碱液的相对运动有关,在机械搅拌条件下,引起游离脂肪酸与碱滴间强烈对流,增加彼此碰撞机会,从而加剧中和反应速度。

为取得理想的碱炼效果,操作中要控制适宜的碱量、温度、搅拌条件,使游离脂肪酸中和形成不溶于油的钠盐,并借助于重力或离心沉降分离将其除去。

## 二、实验仪器、试剂与材料

### 1. 实验仪器

烧杯(500mL、250mL、50mL),水银温度计(100℃、200℃),量筒(5mL、10mL、15mL、100mL),分液漏斗(500mL),碱式滴定管(10mL),三角瓶(250mL),电动搅拌器,高速离心机,台式天平,分析天平,电炉(1 000W),石棉网,镊子,干燥器,直形点滴管。

### 2. 实验试剂

(1)过滤粗花生油。

(2)NaOH 溶液 12、14、16、20、22、24°Bé。

(3)蒸馏水。

(4)食盐。

(5)pH 试纸。

(6)95% 乙醇。

(7)无水乙醚。

(8)1% 酚酞指示剂。

(9)0.1mol/L 的 KOH 标准溶液。

### 3. 实验材料

某品牌大豆油。

## 三、实验方法与步骤

(1)按图 3-1 安装实验装置,检查电动搅拌器是否正常。

(2)搅拌翅浸入油样 2/3 处。

(3)根据粗油酸价、色泽及成品油要求及操作工艺,确定并量取碱液量。

$$碱液体积(mL) = \frac{固体总碱量(g)}{(碱液百分比含量 \times 密度)}$$

固体总碱量 = 理论碱 + 超量碱 = 粗油重 $\times Av \times 7.13 \times 10^{-4}$ + 粗油重 $\times B\%$

式中:$B$——超量碱系数,一般为 0.05%~0.3%;

$Av$——待碱炼毛油的酸值。

（4）各组定出自己的碱炼工艺并做记录，然后接通电源，在慢速搅拌下加热油样。

（5）将油样加热至规定的温度后，调快搅拌速度，将称量好的碱液加入油样中（碱液在 50mL 烧杯中加热），用点滴管缓慢加入，搅拌 30~40min，仔细观察反应现象，见油皂离析时，降低搅拌速度，以 1℃/min 的升温速度将反应油样快速升温至碱炼终温。

（6）中和反应后，保持恒温，调慢搅拌速度搅拌约 10min，促使絮凝，油皂呈明显分离状态时停止搅拌。

（7）碱炼结束后，将碱炼油样转入离心管，并与同批分离的小组调整好静平衡（即通过添加一定量的碱炼净油，使之质量相等），记录添加净油量。

（8）将离心管置于离心架中，用手扳动转鼓轴，确认无故障后，扣上机盖，接通电源，启动离心机逐步加速到 3 000r/min，恒速分离 25min 后，切断电源停机。

（9）待离心机停稳后取出离心管，将上层碱炼半净油转移到 500mL 烧杯中，搅拌加热到洗涤温度（95℃左右），然后转入 500mL 已温热过的分液漏斗中，每次按油重的 15% 添加微量的沸蒸馏水洗涤 2~3 遍。注意：将 500mL 分液漏斗中的油洗涤至放出的废水用 pH 试纸测试显中性为止。

（10）洗涤后将净油转入已知质量的 500mL 烧杯中，置电炉上，小心加热搅拌脱水。先升温至 100℃左右，脱水 15~20min 后再升温至 125℃左右，脱水 10min，然后将烧杯置于干燥器中冷却，确认合格后在室温下称重。

（11）测定成品油的酸价。

## 四、实验现象与结果

实验结果按式(3-3)计算：

$$精炼率(\%) = \frac{成品油质量}{粗油质量} \times 100$$

$$炼耗(\%) = \frac{过滤粗油质量 - 成品油质量}{过滤粗油质量} \times 100$$

$$酸值炼耗比 = \frac{碱炼耗}{粗油酸价 - 成品酸价} \times 100 \qquad (3-3)$$

【思考与讨论】

1. 整理油脂水化实验记录（工艺参数、工艺现象、工艺效果、事故管）。
2. 水化净油 280℃ 加热试验是否合格？结合组实验加以分析。
3. 分析精炼损耗原因。
4. 分析精炼效果和影响因素。
5. 碱炼温度为何分两个阶段？能否在同一个温度下完成碱炼过程？为什么？
6. 为何用点滴管向油中加入碱液？

# 实验十九　植物油脂透明度、气味、滋味、色泽的鉴定

## 实验目的
通过实验学习掌握植物油脂透明度、气味、滋味、色泽的鉴定方法。

## Ⅰ　植物油脂透明度的鉴定

### 一、实验仪器与材料

**1. 实验仪器**

比色管(100mL，直径25mm)，乳白色灯泡等。

**2. 实验材料**

大豆油。

### 二、实验方法与步骤

量取试样100mL注入比色管中，在20℃温度下静置24h(蓖麻油静置48h)，然后移至乳白色灯泡前(或在比色管后衬以白纸)，观察透明程度，记录观察结果。

当油脂样品在常温下为固态或半固态时，根据该油脂熔点熔化样品，但温度不得高于熔点5℃。待样品熔化后，量取试样100mL注入比色管中，设定恒温水浴温度为产品标准中"透明度"规定的温度，将盛有样品的比色管放入恒温水浴中，静置24h，然后移至乳白色灯泡前(或在比色管后衬以白纸)，迅速观察透明程度，记录观察结果。

### 三、实验结果与现象

观察结果以"透明""微浊""混浊"表示。

### 【注意事项】

1. 加油样受冷而出现凝固时应置于50℃水浴中加热熔化，取出，逐渐冷却至20℃，然后再混匀备用。

2. 观察时，如油样内无絮状悬浮物及混浊，即认为透明；棉籽油在比色管的上半部无絮状悬浮物及混浊，也认为透明；如有少量的絮状悬浮物即认为微浊；如有明显的絮状悬浮物即为混浊。

# Ⅱ　气味、滋味的鉴定

## 一、实验仪器与材料

### 1. 实验仪器
温度计，可调电炉(电压 220V，50Hz，功率小于 1 000W)，酒精灯。

### 2. 实验材料
大豆油。

## 二、实验方法与步骤

### 1. 品评人员选择
油脂品尝是依靠人的感觉器官，对油脂的气味、滋味进行品尝，以评定油脂品质的优劣，因此，要求品评人员具有较敏锐的感觉器官和鉴别能力，在开始进行品尝评定之前，应通过鉴别试验来挑选感官灵敏度较高的人员。鉴别方法：按标准等级规定制作油脂样品 4 份，其中有 2 份油脂是同一试样制成的，同时按标准规定进行品评，要求品评人员鉴别找出相同的 2 份油脂样品，进行记录。鉴别试验应重复两次，结果登记于表。对者打"√"，错者打"×"，如果两次都错的人员，则表明其品评鉴别灵敏度太低，应予淘汰。

### 2. 对品评人员的要求
品评人员在品评前 1h 内不吸烟，不吃东西，但可以喝水；品评期间具有正常的生理状态，不能饥饿或过饱；品评人员在品评期间不应使用化妆品或其他有明显气味的用品。

品评前品评人员应用温开水漱口，把口中残留物去净。

### 3. 品评实验室与品评时间
品评应在专用实验室进行。实验室应由样品制备室和品评室组成，两者应独立。品评室应能够充分换气，避免有异味或残留气味的干扰，室温 20~25℃，无强噪声，有足够的光线强度，室内色彩柔和，避免强对比色彩。

品评时应保持室内和环境安静，无干扰。

品评时间应在饭前 1h 或饭后 2h。

### 4. 品评方法
取少量试样注入烧杯中，加温至 50℃，用玻璃棒边搅拌边嗅气味，同时尝辨溶液。凡具有该油固有的气味和滋味、无异味的为合格。不合格的应注明异味情况。

## 三、实验现象与结果

### 1. 气味表示
当样品具有油脂固有的气味时，结果用"具有某某油脂固有的气味"表示。

当样品无味、无异味时，结果用"无味""无异味"表示。

当样品有异味时，结果用"有异常气味"表示，再具体说明异味分为：哈喇味、酸败味、溶剂味、汽油味、柴油味、热熻味、腐臭味等。

**2. 滋味表示**

当样品具有油脂固有的滋味时，结果用"具有某某油脂固有的滋味"表示。

当样品无味、无异味时，结果用"无味""无异味"表示。

当样品有异味时，结果用"有异常滋味"表示，再具体说明异味为：哈喇味、酸败味、溶剂味、汽油味、柴油味、热熻味、腐臭味、土味、青草味等。

# Ⅲ   色泽的测定

## 一、实验仪器与材料

### 1. 实验仪器

(1)比色计   罗维朋比色计主要由比色槽、比色槽托架、碳酸镁反光片、乳白灯泡、观察管以及红、黄、蓝、灰色的标准颜色玻璃片等部件组成。

常用比色槽有两种规格：厚度为 25.4mm 的比色槽用于普通植物油色泽测定；厚度为 133.4mm 的比色槽用于色拉油、高级烹调油(即浅色油)色泽测定。

标准颜色玻璃片有红色、黄色、蓝色和灰色 4 种。红色玻璃片号码由 0.1 ~ 70 组成，分为 3 组。第一组 0.1 ~ 0.9，第二组 1 ~ 9，第三组 10 ~ 70；黄色玻璃片号码与红颜色玻璃片号码相同，同样由 0.1 ~ 70 组成，也分为 3 组；蓝色玻璃片号码由 0.1 ~ 40 组成，也分为 3 组；灰色玻璃片号码由 0.1 ~ 3 组成，分为 2 组。标准颜色玻璃片中常用的是红、黄两种，而蓝色玻璃片仅作为调配青色用(油色如为青绿色时)，灰色玻璃片用做调配亮度用。红、黄两色玻璃片的选用方法是：先根据质量标准中的规定号码固定黄色玻璃片，然后用不同号码的红色玻璃片配色，直至与油样的色泽相当。

光源为左右两端的 60W 乳白灯泡，在使用 100h 后，应更换灯泡，以保证光源准确的光强度。碳酸镁反光片表面如变色时，可用小刀仔细地将变色层刮去，但应保证反光面平整。光线各射入一块碳酸镁板，经反射入试样及色片至观察筒入目镜。观察筒分别具有两个透镜，比色计中部有装标准色片的位置。

(2)三角瓶，滴管，滤纸等。

### 2. 实验材料

大豆油。

## 二、实验方法与步骤

(1)放平仪器，安置观测管和碳酸镁片，检查光源是否完好。

(2)取澄清(或过滤)的试样注入比色槽中，达到距离比色槽上口约 5mm 处。将色槽置于比色计中。

（3）先按规定固定黄色玻璃片，打开光源，移动红色玻璃片调色，直至玻璃片色与油样色完全相同为止。如果油色有青绿色，须配入蓝色玻璃片，这时移动红色玻璃片，使配入蓝色玻璃片的号码达到最小值为止，记下黄、红或黄、红、蓝玻璃片的色值的各自总数，即为被测油样的色值。

## 三、实验现象与结果

结果注明不深于黄多少号和红多少号，同时注明比色槽厚度。双试验结果允许红色重复性限值($r$)不超过 0.2，以试验结果高的作为测定结果。

## 【注意事项】

1. 比色时的温度以 20℃ 左右为宜。
2. 试样必须澄清透明。
3. 蓝色玻璃片仅作为调配青色用（油色如为青绿色时），灰色玻璃片用做配亮度用。在配入蓝色玻璃片时，不能同时配入灰色玻璃片。

## 【思考与讨论】

为什么配了蓝色玻璃片时，不能同时配入灰色玻璃片？

## 实验二十　植物油脂碘值的测定

### 一、实验目的

通过本实验学习掌握油脂碘值测定的原理和方法，了解测定油脂碘值的意义。

### 二、实验原理

碘值就是在油脂上加成的卤素的质量，即每 100g 油脂所能吸收碘的质量。碘值也称为碘价。测定油脂的碘值，有助于了解油脂的组成是否正常、有无掺杂使假等。在油脂氢化制作起酥油的过程中，还可以根据碘值来计算油脂皂化时所需要的氢量，并检查油脂的氧化程度。所以，碘值的测定在油脂日常测定中具有重要意义。

在溶剂中溶解试样，加入 wijs 试剂反应一定时间后，加入碘化钾和水，用硫代硫酸钠溶液滴定析出的碘。

### 三、实验仪器、试剂与材料

#### 1. 实验仪器

分析天平（感量 0.1mg），玻璃称量皿，三角瓶（容量 500mL，带塞并完全干燥），碘瓶。

#### 2. 实验试剂

（1）碘化钾溶液（100g/L）　不含碘酸盐或游离碘。

（2）淀粉溶液　将 5g 可溶性淀粉在 30mL 水中混合，加此混合液于 1 000mL 沸水中煮沸 3min 并冷却。

（3）硫代硫酸钠标准溶液 0.1mol/L。

（4）wijs 试剂　含一氯化碘的乙酸溶液。wijs 试剂的配制：称 9g 三氯化碘溶解在 700mL 冰乙酸和 300mL 环己烷的混合液中。取 5mL 上述溶液加 5mL 碘化钾溶液和 30mL 水，用几滴淀粉溶液做指示剂，用 0.1mol/L 硫代硫酸钠标准溶液滴定析出的碘，滴定体积 $V_1$。加 10g 纯碘于试剂中，使其完全溶解。如上法滴定，得 $V_2/V_1$ 应大于 1.5，否则可稍加一点纯碘，直至 $V_2/V_1$ 略超过 1.5。将溶液静置后将上层清液倒入具塞棕色试剂瓶中，避光保存，此溶液在室温下可保存几个月。

试剂和溶液除特别注明外，所列试剂均为分析纯，水为蒸馏水。

#### 3. 实验材料

大豆油脂。

## 四、实验方法与步骤

### 1. 称样

试样的质量根据估计的碘值而异，将称好试样的称量皿放入 500mL 三角瓶中，加入 20mL 环己烷和冰乙酸等混合样溶解试样，准确加入 25mL wijs 试剂后盖好塞子，摇匀后将三角瓶置于暗处。同样，用溶剂和试剂制备空白但不加试样。对碘值低于 150 的样品，三角瓶应在暗处放置 1h；碘值高于 150 和已经聚合的物质或氧化到相当程度的物质，应置于暗处 2h。

### 2. 测定

反应时间结束后加 100g/L 碘化钾溶液 20mL 和 150mL 水，用标定的 0.1mol/L 硫代硫酸钠标准溶液滴定至浅黄色。加几滴淀粉溶液继续滴定，直到剧烈摇动后蓝色刚好消失。

### 3. 测定次数

同一试样进行两次测定。

## 五、实验现象与结果

碘值按每 100g 样品吸取碘的克数表示，由式(3-4)计算：

$$碘值(IV) = \frac{12.96 \times c(V_1 - V_2)}{m} \qquad (3-4)$$

式中：$c$——硫代硫酸钠溶液的标定浓度，mol/L；

$V_1$——空白试验所用硫代硫酸钠标准溶液的体积，mL；

$V_2$——测定所用硫代硫酸钠标准溶液的体积，mL；

$m$——试样的质量，g。

平行测定结果符合允许差要求时，以其算术平均值作为结果。重复性要求由同一分析者用同样设备对同一试样同时或连续进行两次测定的结果，允许差不超 0.5 碘值单位。

## 【注意事项】

1. 必须洗净、干燥，否则瓶中的油中含有水分，引起反应不完全。加入碘试剂后，如发现碘瓶中颜色变成浅褐色，表明试剂不够，必须再添加 10～15mL 试剂。

2. 将近滴定终点时，用力振荡是本滴定成败的关键之一，否则容易滴定过头或不足。

3. 淀粉溶液不宜加得过早，否则，滴定值偏高。

## 【思考与讨论】

1. 测定碘值有什么意义？

2. 滴定完毕放置一定时间后，溶液返回蓝色，否则表示滴定过量，为什么？

# 实验二十一　植物油脂皂化值的测定

## 一、实验目的
通过本实验学习掌握脂肪皂化值测定的原理和方法，了解测定脂肪皂化值的意义。

## 二、实验原理
在回流条件下将样品和氢氧化钾-乙醇溶液一起煮沸，随后用标定的盐酸溶液滴定过量的氢氧化钾。

反应式为：

$$C_3H_5(C_{17}H_{35}COO)_3 + 3KOH \Longrightarrow C_3H_5(OH)_3 + 3C_{17}H_{35}COOK$$

## 三、实验仪器、试剂与材料
### 1. 实验仪器
三角瓶（250mL），回流冷凝管（带有两个三角瓶的磨平玻璃接头），加热装置（水浴锅或电热板），50mL 碱式滴定管（最小刻度为 0.1mL），移液管（25mL），天平（感量0.001g），烧杯，试剂瓶等。

### 2. 实验试剂
（1）0.5mol/L KOH 乙醇溶液。

（2）0.5mol/L HCl 标准溶液。

（3）10mg/mL 酚酞乙醇溶液或 20mg/mL 碱性蓝 6B 乙醇溶液。

（4）玻璃珠或瓷粒（助沸物）。

### 3. 实验材料
大豆油。

## 四、实验方法与步骤
称取混匀试样 2g，准确至 0.005g，氢氧化钾-乙醇溶液 25mL，并加入一些助沸物，注入三角瓶中，用移液管加入 0.5mol/L；连接回流冷凝管与三角瓶，将三角瓶置于热装置上慢慢煮沸，不时摇动，维持沸腾状态 1h。难于皂化的需煮沸 2h（煮至透明，没有油滴）。

加入 0.5~1mL 酚酞指示剂，趁热用 0.5mol/L 盐酸标准溶液滴定至粉色消失。如皂化液是深色的，则用 0.5~1mL 的碱性蓝 6B 溶液。同时进行空白试验。

## 五、结果计算
植物油皂化价按式（3-5）计算：

$$皂化价(mg\ KOH/g\ 油) = \frac{(V_2 - V_1) \times N \times 56.1}{m} \qquad (3-5)$$

式中：$V_1$——滴定试样用去的盐酸溶液体积，mL；

$V_2$——滴定空白用去的盐酸溶液体积，mL；

$N$——HCl 溶液的浓度，mol/L；

$m$——试样质量，g；

56.1——KOH 的摩尔质量，g/mol。

双试验结果允许差不超过 1.0mg KOH/g 油，求其平均数，即为测定结果。测定的结果取小数点后 1 位数字。

## 【注意事项】

1. 制备稳定的无色氢氧化钾－乙醇溶液，可采用下述方法：称取 8g 氢氧化钾，加入 1 000mL 乙醇，加热回流 1h，然后立即进行蒸馏。静置数日后，用虹吸法将碳酸钾沉淀上面的清液吸出，贮于棕色玻璃瓶中备用。

2. 皂化完毕后，应趁热迅速滴定，既可避免碱液吸收空气中二氧化碳而影响结果，又可避免因冷却钾肥皂凝结(冬季时尤要注意)而无法滴定。

4. 滴定过程中如溶液出现混浊，是由于盐酸溶液带入水量过多(水:乙醇为 1:4)，此时应补加适当数量的无水乙醇以消除混浊，再进行滴定。

5. 根据植物油皂化价鉴定油脂的纯度。

## 【思考与讨论】

什么是皂化值？有什么意义？

# 实验二十二　酸值、酸度的测定

## 实验目的
通过本实验了解油脂酸值、酸度的测定。

# Ⅰ　酸值测定

## 一、实验原理
酸值是评定油品酸败程度的指标之一，它是指中和 1g 油脂中游离脂肪酸所消耗的氢氧化钾的质量。油脂中游离脂肪酸与氢氧化钾发生中和反应，从氢氧化钾标准溶液消耗量计算油脂的酸值。

## 二、实验仪器、试剂与材料
### 1. 实验仪器
滴定管，三角瓶（200mL），试剂瓶，容量瓶，移液管，称量瓶，天平（感量 0.001g）。
### 2. 实验试剂
(1) 0.1mol/L 氢氧化钾（或氢氧化钠）标准溶液。
(2) 中性乙醚-乙醇(2:1)混剂　临用前用 0.1mol/L 碱液滴定至中性。
(3) 指示剂　1% 酚酞乙醇溶液。
### 3. 实验材料
大豆油。

## 三、实验方法与步骤
称取均匀试样 3~5g 注入三角瓶中，加入混合溶剂 50mL，摇动使试样溶解，再加 3 滴酚酞指示剂，用 0.1mol/L 碱液滴定至出现微红色，在 30s 不消失，记下消耗的碱液数 $V$(mL)。

## 四、实验现象与结果
油脂酸值按式(3-6)计算：

$$酸值 = \frac{V \times c \times 56.1}{m} \tag{3-6}$$

式中：$V$——滴定消耗的氢氧化钾溶液体积，mL；

    $c$——氢氧化钾溶液浓度，mol/L；

    56.1——氢氧化钾的摩尔质量，g/mol；

    $m$——试样质量，g。

双试验结果允许差不超过 0.2mg KOH/g 油，求其算术平均值，即为测定结果，测定结果取小数点后 1 位数字。

注：测定深色油的酸值，可减少试样用量，或适当增加混合溶剂的用量。以酚酞为指示剂，终点变色明显。测定蓖麻油的酸值时，只用中性乙醇，不用混合溶剂。

## Ⅱ 酸度的测定

### 一、实验原理

将油籽含油量测定时提取的油，溶解在乙醚和乙醇的混合溶剂中，然后用氢氧化钾-乙醇标准溶液滴定存在于油中的游离脂肪酸，并计算游离脂肪酸含量，以酸度或酸价表示。

### 二、实验仪器、试剂与材料

**1. 实验仪器**

索氏抽提器或直滴式抽提器，滴定管（10mL，最小刻度 0.05mL），实验室常用仪器。

**2. 实验试剂**

（1）乙醚-95% 乙醇（1:1）混合液　使用前每 100mL 混合液中加入 0.3mL 酚酞指示剂，用氢氧化钾-乙醇溶液中和。

（2）0.1mol/L 氢氧化钾-95% 乙醇标准溶液　1 000mL 95% 乙醇中加入 8g 氢氧化钾和 0.5g 铝屑，加热回流 1h，然后立即进行蒸馏。在馏出液中溶解需要量的氢氧化钾，静置几天后，慢慢倒出上层清液，弃去碳酸钾沉淀，贮于带橡皮塞瓶中，溶液应为无色或浅黄色。使用前用苯二甲酸氢钾标定。也可不用蒸馏的方法制备此溶液，如加入 4mL 丁酸铝至 1 000mL 95% 乙醇中，静置几天后，慢慢倒出上层清液，溶解需要量的氢氧化钾于上清液中，贮于带橡皮塞瓶中，标定其准确浓度。

（3）10mg/mL 酚酞指示剂溶液或 20mg/mL 碱性蓝指示剂溶液（适用于深色油）。

**3. 实验材料**

油籽。

### 三、实验方法与步骤

**1. 油籽中油的提取**

按油籽含油量测定方法提取油籽中的油。

**2. 试样**

将所得全部提取物称量，精确至 0.000 1g，即为试样。

**3. 测定**

向试样中加入 50～150mL 乙醚－乙醇混合液，溶解后，用 0.1mol/L 氢氧化钾-95% 乙醇溶液滴定至终点（酚酞变为粉红色或碱性蓝变为红色，最少维持 10s 不消失）。

## 四、实验现象与结果

酸度用游离脂肪酸所占的百分数表示。

油籽中油的酸度按式（3-7）计算：

$$酸度（\%）= \frac{v \times c \times M}{10 \times m} \tag{3-7}$$

式中：$M$——选用酸的摩尔质量，g/mol；

$v$——所用氢氧化钾标准溶液体积，mL；

$c$——氢氧化钾标准溶液准确浓度，mol/L；

$m$——试样的质量，g。

双试验结果允许差不超过 0.2%，以其算术平均值作为测定结果。

### 【注意事项】

1. 本法不适用于带棉绒的棉籽、棕榈果、棕榈仁、干椰肉和油橄榄中油的酸度测定。

2. 如果滴定用水量不引起分层现象，可用氢氧化钾或氢氧化钠标准水溶液或氧化钾-乙醇标准溶液。如果滴定所需 0.1mol/L 氢氧化钾溶液体积超过 10mL 时可用浓度为 0.5mol/L 氢氧化钾溶液。如果滴定中溶液变混浊，可加适量乙醚-乙醇形成清液。

### 【思考与讨论】

测定酸值、酸度有什么意义？

# 实验二十三　油脂酸败实验及过氧化值的测定

## 实验目的
通过本实验掌握油脂酸败实验及过氧化值的测定方法。

## Ⅰ　过氧化值的测定

### 一、实验原理
油脂中的过氧化物与碘化钾作用能析出游离碘，用硫代硫酸钠标准溶液滴定，根据硫酸钠溶液消耗的体积，计算油脂过氧化值。

油脂的过氧化值以 100g 油脂能氧化析出碘的克数（$I_2\%$）或每千克油脂化物的毫摩尔数表示（mmol/kg）。

### 二、实验仪器、试剂与材料
**1. 实验仪器**
分析天平（感量 0.000 1g），碘瓶（250mL），量筒（50mL、100mL）。
**2. 实验试剂**
（1）三氯甲烷-冰乙酸混合液　取三氯甲烷 40mL，加冰乙酸 60mL，混匀。
（2）饱和碘化钾溶液　取碘化钾 14g，加水 10mL，贮于棕色瓶中。
（3）0.002mol/L 硫代硫酸钠标准溶液（$Na_2S_2O_3$）。
（4）淀粉指示剂（10g/L）。
**3. 实验材料**
大豆油。

### 三、实验方法与步骤
称取 2.00~3.00g 混匀（必要时过滤）的样品，置于 250mL 碘瓶中，加 30g 三氯甲烷-冰乙酸混合液，使样品完全溶解。加入 100mL 饱和碘化钾溶液，紧密塞好轻轻振摇 30s，然后在暗处放置 3min。取出加 100mL 水，摇匀，立即用 0.002mol/L 硫代硫酸钠标准溶液滴定，至淡黄色时，加 1mL 淀粉指示液，继续滴定视为终点，取相同量三氯甲烷-冰乙酸溶液、碘化钾溶液、水，按同一方法做试验。

### 四、实验现象与结果
过氧化值按式（3-8）计算：

$$过氧化值(I_2\%)x = \frac{(V_1 - V_2) \times c \times 0.126\,9}{m} \times 100\%$$ (3-8)

$$X_1 = x \times 39.4$$

式中：$x$——样品的过氧化值，g/100g；

$\quad\quad X_1$——样品的过氧化值，mmol/kg；

$\quad\quad V_1$——样品消耗硫代硫酸钠标准溶液体积，mL；

$\quad\quad V_2$——试剂空白消耗硫代硫酸钠标准溶液体积，mL；

$\quad\quad c$——硫代硫酸钠标准溶液的浓度，mol/L；

$\quad\quad m$——试样质量，g；

$\quad\quad 0.126\,9$——1.00mL 硫代硫酸钠标准溶液；

$\quad\quad 39.4$——换算因子。

测定结果取算术平均值的 2 位有效数字；相对偏差≤10%。

## 【注意事项】

1. 加入碘化钾后，静置时间长短和加水量多少，对测定结果均有影响。

2. 在用硫代硫酸钠标准溶液滴定被测样品溶液时，必须在接近滴定终点黄色时加淀粉指示剂，否则淀粉会大量吸附碘而影响结果的准确性。

# Ⅱ 油脂酸败实验——间苯三酚试纸法

## 一、实验原理

油脂酸败产生的醛类，与间苯三酚反应生成红色，借此作为酸败的定性试验。

## 二、实验仪器、试剂与材料

### 1. 实验仪器

恒温水浴锅，电炉，三角瓶（50mL，插有 5cm 长玻璃管的胶塞），移液管，棕色瓶等。

### 2. 实验试剂

（1）直径约 2mm 大理石颗粒或碳酸钙。

（2）盐酸。

（3）间苯三酚试纸　取长 7cm、宽 4mm 的滤纸条，浸入 1mg/mL 间苯三酚乙醇溶液中，浸泡约 3min 后取出，阴干，装入棕色瓶中备用。

### 3. 实验材料

大豆油。

## 三、实验方法与步骤

将间苯三酚试纸条装入三角瓶胶塞的玻璃管内，取 5mL 油样注入三角瓶中，加入 5mL 盐酸，摇匀，立即加入 5~6 粒大理石颗粒，塞紧胶塞，在约 25℃ 的水浴中放置 20min。试纸变红为阳性，表示有醛类存在，油脂已发生酸败；试纸呈黄色或橙色时为阴性。

## 【思考与讨论】

间苯三酚试纸法中应注意哪些问题？

# 实验二十四　油脂的烟点、闪点和燃点的测定

## 实验目的
通过本实验学习掌握油脂烟点、闪点和燃点的测定方法。

# I　烟点的测定

## 一、实验原理

　　烟点又称发烟点，是油脂接触空气加热时对其热稳定性的一种量度；也指在通风并备有特殊照明的实验装置中，加热时第一次呈现蓝烟时的温度。

　　油脂中游离脂肪酸、甘油一酸酯、不皂化物等相对分子质量较低的物质比甘油酯易挥发，都可使烟点降低。如玉米油、棉籽油和花生油的游离脂肪酸含量在 0.01% 时，烟点约为 232℃，而游离脂肪酸含量逐渐增高时，烟点则逐渐降低。当游离脂肪酸含量 100% 时，其烟点则降至约 90℃。因此，烟点可用做植物油精炼程度的指标：精炼植物油烟点在 205~220℃，未精炼好的植物油（如芝麻油等）的烟点在 160~170℃。油脂长时间加热，烟点会逐渐降低。所以，油脂于高温下煎炸食品时，其烟点与油炸作业产品合格率有关。我国植物油标准将烟点作为各种一级油、二级油质量标准的一项。

　　食用植物油产品的最终质量主要体现在烟点上。原标准对一级成品油烟点要求 220℃，新标准一级成品油烟点为 215℃。烟点指标下调 5℃，对食用植物油产品质量影响很小。因此，炒菜最理想的油温是 190~195℃，只有烹调时油温控制在这个区间，炒出的菜才最香。215℃的要求，远远超出了烹调时的最佳温度。

## 二、实验仪器与材料

### 1. 实验仪器
烧杯，温度计，烟点试验箱，加热板，电炉，石棉板。

### 2. 实验材料
油或熔化的脂肪样品。

## 三、实验方法与步骤

　　将油或熔化了的脂肪样品小心注入样品杯中，使其液面恰好在装样线上，并调节容器的位置，使火苗集中在杯底部的中央，将温度计垂直地悬挂在杯中央，水银球离杯底 6cm。迅速加热样品到发烟点前 42℃左右，然后调节热源使样品升温速度为 5~6℃/m，

当样品冒少量烟，同时继续有浅蓝色的烟冒出时的温度即为烟点，可借助 100W 灯光看有烟时的温度。

双试验允许差不超过 2℃，求其平均数即为试验结果，测定结果取小数点后 1 位数字。

## 【注意事项】

1. 样品杯要保持干净，否则会造成烟点偏低。

2. 在样品开始连续冒烟前，有时可能会喷出一些微弱的烟雾，这对测定结果并没有影响。

# Ⅱ 闪点极值的测试——彭斯克-马丁闭口杯法

## 一、实验原理

在恒定慢速和连续搅拌下，加热样品。稳定在规定温度后，引入小火舌于测试样杯。当出现大火舌且火焰立即在样品表面蔓延，可认为样品已闪燃；如仅有光环效应，略去不计。该方法是在给定温度下观测处于规定条件的油脂样品，在受到测试火焰作用时是否闪燃。它适用于动、植物及海产油脂。这些油脂可能含有少量或不含有挥发性的易燃物质。

## 二、实验仪器、试剂与材料

### 1. 实验仪器

彭斯克-马丁（Pensky - Martens）闭口杯闪点测试仪，温度计（测温范围为 10 ~ 200℃），实验室用离心机（可以放置容量 120mL 的具塞离心管），离心管（容量 120mL，具塞）。

### 2. 实验试剂

（1）无水硫酸钠。

（2）所使用的试剂均为分析纯，水为蒸馏水或去离子水或相当纯度的水。

### 3. 实验材料

大豆油脂。

## 三、实验方法与步骤

### 1. 试样制备

所测定的脂肪在室温下是固体，应在原来的容器内使其缓慢升温，升温至不超过闪点 5℃，使其液化。然后，从这一升高的温度开始测定闪点。

从原来的容器中直接称取约 90g 油脂，小心地移入离心管，加入 5g 无水硫酸钠，塞子塞紧，剧烈摇动1min，如有必要，在升高的温度下进行，静置30min。将制备的精制油在2 500r/min下离心3min，离心分离至澄清油的量足够用于闪点测定，离心分离的最长时间为5min。

**2. 测定**

将液态油脂试样装满测试仪样品杯，液面的凸顶应精确地处于样品杯的满载刻度线上。盖上杯盖，放到仪器的定位装置上。将温度计悬浮于油脂中，水银球底部距离杯43~46mm，这相当于杯盖底面在杯口内的位置。点燃测试火焰，将火舌直径调节到约为4mm。加热试样，控制试样的升温速度为5~6℃/min。在加热过程中，启动搅拌装置，转速为60r/min或120r/min。达到规定的温度（通常为121℃）后，停止搅拌，通过操纵控制快门和降低测试火焰，将其引入快门孔进行火焰引燃测试。在0.5s内减弱测试火焰，观察样品杯内是否产生明显的火焰。不要混淆真正的火焰和有时出现在测试火焰周围的蓝色光圈。

因为溶剂蒸气可能会逸散，在每次测试期间打开样品杯的次数不要多于一次，尽管溶剂浓度很低，不可能引起闪燃，但也会导致测量结果不正确。

为了节省试样，允许用同一试样进行连续的闪点测定，以确定试样闪燃的温度范围。然而这样的温度范围测试，不能用于出具或验证正式报告的测试结果，正式测试结果必须采用新制备的样品来测定。

如需要了解闪点的精确等级，应在121℃以外的多种温度下重复上述测定。每种温度下的测定都须采用新制备的试样。

## 四、实验现象与结果

报告在规定的温度下是"闪燃"或"不闪燃"，并陈述所使用的方法和仪器。如测试得到两种不同的结果，"不闪燃"结果略去不计。

# Ⅲ 燃点的测定

## 一、实验原理

在规定实验条件下，试验火焰引起试样蒸气着火且至少持续燃烧5s的最低温度。

## 二、实验仪器与材料

### 1. 实验仪器

（1）克里夫兰敞口杯。

（2）加热板 黄铜、铸铁、锻铁或钢制。加热板中心有一深度1/32in（0.79mm）的圆形凹槽，直径大小以正好适合试验杯为宜，电板上盖厚度为6.35mm的硬石棉板或金属板。

（3）热源 煤气炉、酒精灯或可调电热板。无论哪种加热器，绝不允许火焰爬上试验杯的边缘。如果用火焰加热，可用适当的遮护板减弱过量的热辐，但勿把热辐射反射到石棉板的表面上，把热源集中在放置开口杯的电板上，但不能局部过热。

（4）金属试验火焰发生器。

**2. 实验材料**

大豆油或熔化的脂肪样品。

## 三、实验方法与步骤

（1）试样燃点的测定不需要在通风橱内进行，可在不受空气影响的房间或隔离进行。需要在暗处，以便容易观测燃点，避免呼吸气流吹过试样表面。

（2）将油或熔化的脂肪试样装入试验杯，调节弯月面顶点正好对准标线，将温度计垂直悬挂在大约离杯底 6.35mm 处，介于杯背面至中心之间的位置。

（3）样品加热速度小于 16.70℃/min，离闪点 55.6℃，调节试样升温速度为 6.1℃/min。直至燃点出现为止。

（4）当温度每上升 2.8℃ 时，用直径大约为 1/8in（3.17mm）的试验火焰，以直式或以半径小于 15cm 画圈形式通过杯中心。试验火焰通过试样表面时，杯口的平面上火焰通过杯的时间大约是 1s。

（5）当用试验火焰引燃至少保持 5s 时，温度计所示的读数即为物质的发火点。

## 【思考与讨论】

油脂的烟点、闪点、燃点测定的原理各是什么？测定的区别有哪些？

## 实验二十五　植物油中反式脂肪酸异构体含量测定——气相色谱法

### 一、实验目的

1. 掌握反式脂肪酸含量测定的原理。
2. 掌握脂肪酸甲酯化，气相色谱法分离顺式、反式脂肪酸甲酯的实验方法。

### 二、实验原理

根据脂肪酸碳链长度、（不）饱和程度、几何结构和双键位置的不同，在强极性固定相毛细管气相色谱柱上分离样品中的脂肪酸甲酯。

### 三、实验仪器、试剂与材料

**1. 实验仪器**

电子天平，气相色谱仪。

**2. 实验试剂**

(1) 盐酸　优级纯。

(2) 无水乙醇。

(3) 石油醚：60~90℃。

(4) 乙醚。

(5) 异辛烷：色谱纯。

(6) 一水硫酸氢钠($NaHSO_4 \cdot H_2O$)。

(7) 无水硫酸钠。

(8) 2mol/L 氢氧化钾-甲醇溶液。

(9) 十三烷酸甲酯标准品　纯度不低于99%。

(10) 内标溶液　称取适量十三烷酸甲酯，用异辛烷配制成含量为1mg/mL 的溶液。

(11) 脂肪酸甲酯标准品　已知含量的十八烷酸甲酯、反-9-十八碳烯酸甲酯、顺-9-十八碳烯酸甲酯、反-9,12,15-十八碳二烯酸甲酯、顺-9,12-十八碳二烯酸甲酯、反-9,12,15-十八碳三烯酸甲酯、顺-9,12,15-十八碳三烯酸甲酯、二十烷酸甲酯、顺-11-十八碳烯酸甲酯。

(12) 脂肪酸甲酯混合标准溶液 I　称取适量脂肪酸甲酯标准品(精确到0.1mg)用异辛烷配制成每种脂肪酸甲酯含量为0.02~0.1mg/mL 的溶液。

(13) 脂肪酸甲酯混合标准溶液 II　称取十三烷酸甲酯、反-9-十八碳烯酸甲酯、反-9,12-十八碳烯酸甲酯、顺-9,12,15-十八碳三烯酸甲酯各10mg(精确到0.1mg)100mL 的容量瓶中，用异辛烷定容至刻度，混合均匀。

**3. 实验材料**

食用植物油脂。

# 四、实验方法与步骤

## 1. 脂肪酸甲酯的制备

称取约 60mg（精确到 0.1mg）油脂样品，置于 10mL 具塞试管中，依次加入 0.5mL 内标溶液、4mL 异辛烷、0.2mL 氢氧化钾-甲醇溶液，塞紧试管塞，剧烈振摇 1~2min，至试管内混合溶液澄清。加入 1g 一水硫酸氢钠，剧烈振摇 30s，静置，取上清液待测。

## 2. 气相色谱测定

（1）色谱条件

①色谱柱温度：采用程序升温法，色谱柱初温 60℃，保持 5min，然后以 5℃/min 的速度升至 165℃，1min 后以 2℃/min 的速度升至 225℃，保持 17min。

②气化室温度：240℃。

③检测器温度：250℃。

④空气流速：300mL/min。

⑤载气：氮气，纯度大于 99.995%，流速 1.3mL/min。

⑥分流比：1:30。

（2）相对质量校正因子的确定

吸取 1μL 脂肪酸甲酯混合标准溶液Ⅱ注入气相色谱仪，在上述色谱条件下确定十三烷酸甲酯、反-9-十八碳烯酸甲酯、反-9,12-十八碳烯酸甲酯、顺-9,12,15-十八碳三烯酸甲酯各自色谱峰的位置和色谱峰面积。脂肪酸甲酯混合标准溶液Ⅱ色谱见图3-3。反-9-十八碳烯酸甲酯、反-9,12-十八碳二烯酸甲酯、顺-9,12,15-十八碳三烯酸甲酯与十三烷酸甲酯相对应的质量校正因子（$f_m$）按式（3-9）计算：

$$f_m = \frac{m_j A_{st}}{m_{st} A_j} \qquad (3-9)$$

式中：$m_j$——脂肪酸甲酯混合标准液Ⅱ中反-9-十八碳烯酸甲酯、反-9,12-十八碳二烯酸甲酯或顺-9,12,15-十八碳三烯酸甲酯的质量，mg；

$A_{st}$——十三烷酸甲酯的色谱峰面积；

$m_{st}$——脂肪酸甲酯混合标准溶液Ⅱ中十三烷酸甲酯的质量，mg；

$A_j$——反-9-十八碳烯酸甲酯、反-9,12-十八碳二烯酸甲酯或顺-9,12,15-十八碳三烯酸甲酯的色谱峰面积。

（3）反式脂肪酸甲酯色谱峰的判断

吸取 1μL 脂肪酸甲酯混合标准溶液Ⅰ注入气相色谱仪，在上述色谱条件下，反式十八碳一烯酸甲酯、反式十八碳二烯酸甲酯、反式十八碳三烯酸甲酯色谱峰的位置应符合图3-3所示。

（4）试样中反式脂肪酸的定量

吸取 1μL 待测试液注入气相色谱仪。在上述色谱条件下测定试液中各组分的保留

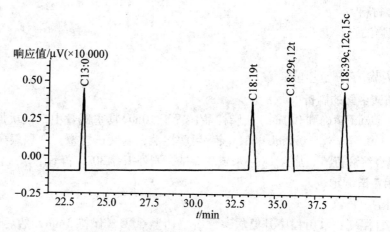

**图3-2　脂肪酸甲酯混合标准液Ⅱ色谱图**

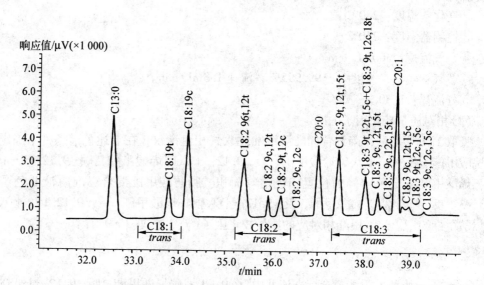

**图3-3　脂肪酸甲酯混合标准溶液Ⅰ色谱图**

时间和色谱峰面积。

某种反式脂肪酸占总脂肪的质量分数（$X_i$）按式（3-10）计算：

$$X_i = \frac{m_s \times A_i \times f_m \times M_{si}}{m \times A_s \times M_{ei}} \times 100\% \qquad (3-10)$$

式中：$m_s$——加入样品中的内标物质（十三烷酸甲酯）的质量，mg；

$A_s$——加入样品中的内标物质（十三烷酸甲酯）的色谱峰面积；

$A_i$——成分 $i$ 脂肪酸甲酯的色谱峰面积；

$m$——称取脂肪的质量，mg；

$M_{si}$——成分 $i$ 脂肪酸的相对分子质量；

$M_{ei}$——成分 $i$ 脂肪酸甲酯的相对分子质量；

$f_m$ ——相对分子质量校对因子。

脂肪中反式脂肪酸的质量分数($X_t$)，按式(3-11)计算：

$$X_t = \sum X_i \qquad\qquad (3-11)$$

## 【注意事项】

1. 无水硫酸钠在使用前要650℃灼烧4h，降温后储于干燥器内。

2. 氢氧化钾 - 甲醇溶液(2mol/L)配制：称取13.1g氢氧化钾，溶于约80mL甲醇中，冷却至室温，用甲醇定容至100mL，加入约5g无水硫酸钠，充分搅拌后过滤，保留滤液。

## 【思考与讨论】

如何测定食品中反式脂肪酸的含量？

# 实验二十六　油脂及脂肪酸熔点的测定

## 实验目的
1. 了解测定油脂及脂肪酸熔点的意义。
2. 掌握测定油脂及脂肪酸熔点的不同方法的原理。
3. 掌握不同测定油脂及脂肪酸熔点的方法。

## Ⅰ　毛细管法（冷冻加热法）

### 一、实验原理
油脂在低温环境中是呈固态的，对其加热，固态的油脂则逐渐转化为液态，当固态完全转化为液态时，此时的温度就是要测得的熔点。

### 二、实验仪器与材料
#### 1. 实验仪器
毛细玻管（内径 1mm，外径最大为 2mm，长度 80mm），水银温度计（100℃，1/10℃刻度），冰箱，恒温烘箱，电炉，恒温水浴锅，烧杯（500mL），酒精喷灯，三角瓶，漏斗，滤纸。
#### 2. 实验材料
食用植物油脂。

### 三、实验方法与步骤
#### 1. 样品处理
将样品过滤、烘干。取洁净干燥的毛细玻管 3 支，分别吸取试样达 10mm 高度，用喷灯火焰将吸取试样的管端封闭，然后放入烧杯中，置 4～10℃的冰箱中过夜，用时取出，用橡皮筋将 3 支管紧扎在温度计上，使试样与水银球相平。
#### 2. 加温
在 500mL 烧杯中，先注入半杯水，悬挂 1 支温度计，然后将试样管和温度计也悬挂在杯内的水中，使水银球浸入水中 30mm 处。置于水浴中开始加热。开始温度要低于试样熔点 8～10℃，同时搅动杯中水，使水温上升的速度为 0.5℃/min。

### 四、实验现象与结果
试样在熔化前常发生软化状态，继续加热直至毛细玻管内的试样完全变成透明的液体为止，立即读取当时的温度，计算 3 支管的平均值，即为油脂的熔点。

双试验结果允许差不超过 0.5℃，取其平均值作为测定结果。测定结果取小数点后 1 位数字。

## 【注意事项】

1. 熔化样品凝结时不可立即测熔点，必须要冷却 12h 以上，否则测定值很不稳定。
2. 记录熔点应同时注明所用方法（如毛细管法）。
3. 毛细玻管玻璃不要太厚，粗细要均匀，内径应在 1mm 左右。
4. 油样在完全熔化之前往往先混浊，四周比中部先澄清，继续加热至油样完全澄清透明，油样到达完全澄清透明的最低温度即熔点。

# Ⅱ 显微熔点法

## 一、实验仪器与材料

### 1. 实验仪器

X-6 显微熔点测定仪，X-6 控制箱，加热测温台，温度传感器，载玻片，MTS300 两档体视显微镜，隔热玻璃，散热器，镊子，烘箱，干燥塔，脱脂棉。

### 2. 实验试剂

乙醚。

### 3. 实验材料

食用植物油脂。

## 二、实验方法与步骤

（1）对新购仪器进行测量标定，求出修正值（修正值＝标准药品的熔点标准值－该药品的熔点测量值），作为测量时的依据。

（2）对待测物品进行干燥处理：把待测物品研细，放在干燥塔内，用干燥剂干燥；用烘箱直接快速烘干（温度控制在待测物品的熔点温度以下）。

（3）将加热测温台放置在显微镜底座 $\phi$100 孔上，并使放入盖玻片的端口位于右侧，便于取放盖玻片及药品。

（4）将加热测温台的电源线接入测温仪后侧的输出端，并将传感器插入加热测温台孔，其另一端与调压测温仪后侧的插座相连；将调压测温仪的电源线与 220V 电源相连。

（5）取两片盖玻片，用蘸有乙醚（或乙醚与酒精混合液）的脱脂棉擦拭干净。晾干后，取适量的待测物品（不大于 0.1mg）放在一片载玻片上并使药品分布均匀，盖上另一片载玻片，轻轻压实，然后放置在加热测温台中心。

（6）盖上隔热玻璃。

（7）松开显微镜的升降手轮，参考显微镜的工作距离（88mm 或 33mm），上下调整显微镜，直到从目镜中能看到熔点加热测温台中央的待测物品轮廓时紧锁该手轮；然后调节调焦手轮，直到能清晰地看到待测物品的图像为止。

（8）打开电源开关，调压测温仪显示出加热测温台即时的温度值。（注意：测试操作过程中，熔点加热测温台属高温部件，一定要使用镊子夹持放入或取出待测熔点物品。严禁用手触摸，以免烫伤！）

（9）根据被测熔点物品的温度值，控制调温手钮 1 或 2（1 表示升温电压宽量调整；2 表示升温电压窄量调整，其电压变化参考电压表的显示），以达到在测物质熔点过程中，前段升温迅速、中段升温渐慢、后段升温平缓。具体方法如下：先将两调温手钮顺时针调到较大位置，使加热测温台快速升温。当温度接近待测物体熔点温度以下 40℃左右时（中段），将调温手钮逆时针调至适当位置，使升温速度减慢。在被测物熔点值以下 10℃左右（后段）时，调整调温手钮控制升温速度约 1℃/min。（注意：后段升温的控制对测量精度影响较大。当温度上升到距待测物熔点值以下 10℃左右时，一定要控制升温速度约 1℃/min。经反复调整手钮 1 或 2，方便的无级调整会让人很快掌握，运用自如。）

（10）观察被测物品的熔化过程，记录初熔和全熔时的温度值，用镊子取下隔热玻璃和盖玻片，即完成一次测试。如需重复测试，只需将散热器放在加热测温台上，电压调为零或切断电源，使温度降至熔点以下 40℃即可。

（11）对已知熔点的物质，可根据所测物质的熔点值及测温过程，适当调节旋钮，实现测量；对未知熔点物质，可先用中、较高电压快速测一次，找到物质熔点的大约值，再根据该值适当调整和精细控制测量过程，最后实现较精确的测量。

## 【注意事项】

1. 精确测试时，对实测值进行修正，并多次测试，计算平均值。
2. 测试完毕应及时切断电源，待加热测温台冷却后，方可将仪器按规定装入包装。
3. 用过的载玻片可用乙醚擦拭干净，以备下次使用。

## 【思考与讨论】

1. 如果待测样品的熔点为 120℃，采用毛细管法测定该样品的熔点，可采用什么做介质？能用水吗？
2. 如果毛细玻管没有密封，会出现什么情况？
3. 橡皮筋要位于什么位置？为什么？

# 实验二十七　油脂及脂肪酸凝固点的测定

## 一、实验目的
掌握测定油脂及脂肪酸凝固点方法的原理及操作步骤。

## 二、实验原理
油脂在冷却时不是一下子全部结晶，而是按照一定的顺序，高熔点组分先结晶，并且引起油脂混浊；随着进一步的冷却，低熔点甘油酯开始结晶，并增大混浊度，最后全部混合物凝固。由于凝固时放出的潜热能使温度在短的时间内保持不变，有时甚至会暂时地使温度回升。这个暂时保持不变或回升的最高温度，作为油脂及脂肪酸的凝固点。

## 三、实验仪器、试剂与材料
### 1. 实验仪器
（1）凝固点测定器(图3-4)

①烧杯：容量为2L。

②广口瓶：容量为450mL，高190mm，瓶颈38mm。

③试管：长100mm，内径25mm。

④温度计：刻度为0.1℃。

⑤搅拌器：内径2~3mm，一端弯成环形，直径19mm。

（2）保温漏斗。

（3）恒温水浴锅。

（4）烧杯　容量为1L。

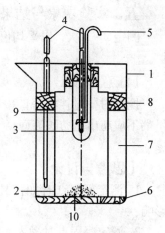

图3-4　凝固点测定仪

1.2L烧杯　2.广口瓶　3.试管
4.温度计　5.搅拌器　6.软木
7.水浴　8.软木块　9.装在试管
中的样品　10.铅粒

### 2. 实验试剂
（1）600g/L氢氧化钠溶液。

（2）95%乙醇。

（3）10g/L甲基橙指示液。

（4）6mol/L硫酸溶液。

### 3. 实验材料
食用植物油脂。

## 四、实验方法与步骤
### 1. 脂肪酸凝固点的测定
取油样40g于1L烧杯中，加入600g/L氢氧化钠溶液20mL和95%乙醇80mL的混合液，置于水浴上加热，不断搅拌，煮沸30min使皂化完全。继续在水浴上加热蒸发乙醇，并用玻棒将肥皂捣碎，搅拌以使乙醇蒸发完全，然后加入300~400mL水使肥皂溶解，煮沸1h，加入3滴10g/L甲基橙指示液和6mol/L硫酸溶液50~60mL，使溶液呈红色。将烧杯置于水浴中加热，直到析出的脂肪层澄清为止。把水层吸出，再加250mL热水洗涤，静置分层后再将水层吸出，如此反复洗涤至洗液不呈酸性为止。

用保温漏斗或在100~105℃烘箱中过滤，然后将脂肪酸置于130℃烘箱中烘去水分。约1h后取出，冷却至60℃，注入凝固点测定器试管中，插入温度计，温度计的水银球应处在脂肪酸的中心，并且与四周管壁等距离。装好水浴，水浴内的温度用冰保持在固定水平上(对所有凝固点≥35℃的样品，将温度调到20℃；而对凝固点<35℃的样品，则将水温调至低于凝固点15~20℃)，水平面应高于样品平面1cm。用搅拌器不断地垂直搅动，至温度不再下降或开始回升时，立即停止搅动并观察温度上升情况。在温度再度下降前由温度计测得的最高值，即为脂肪酸的凝固点。

**2. 油脂凝固点的测定**

将试样熔化后过滤，并置于130℃烘箱中烘去水分，取出冷却至60℃时，注入凝固点测定器试管中，按脂肪酸凝固点的测定方法进行凝固定的测定。

## 五、实验现象与结果

测定2~3次，以平均值作为测定结果，平行试验误差不应大于0.2℃。

## 【注意事项】

搅拌时，搅拌器垂直移动距离约为3~8mm，以每分钟上下100次为好，且搅拌棒下端不应超出脂肪酸液面。

## 【思考与讨论】

1. 测定凝固点时如何控制试样的冷却速度？如果冷却速度过快会对结果有什么影响？

2. 测定凝固点时插入的温度计离试管底部的距离为多少？如果插歪或离底部太近，对测定结果会有什么影响？

# 实验二十八  油脂黏度测定

## 实验目的
掌握测定油脂黏度不同方法的原理及操作步骤。

## Ⅰ  奥斯特瓦尔德(Ostwald)黏度计法

### 一、实验仪器与材料
**1. 实验仪器**
奥氏黏度计如图 3 - 5 所示。
**2. 实验材料**
食用植物油脂。

### 二、实验方法与步骤
黏度计有 3 条环形刻度线 1、2、3。操作时，使玻管保持垂
直，将液体注入接收器中，使液面与刻度线 3 看齐，用吸球从
右管口将液体吸至刻度线 1 上 5mm 处，然后放开管口让液体下
降，当液面通过刻度线 1 时，开始计时，直至液面到达刻度线
2 止。

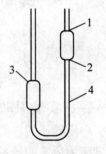

**图 3 - 5  奥氏黏度计**
1~3. 刻度  4. 毛细管

### 三、实验现象与结果
由式(3 - 12)计算黏度，测量范围 1~1 500cP(1cP = 1mPa ·
s)：

$$\mu = C_t - \frac{B}{t}$$

$$C(黏度计常数) = \frac{\pi R^2 gh}{8VL}$$

$$B(黏度计系数) = \frac{mV}{8\pi L} \tag{3 - 12}$$

式中：$\mu$ ——黏度，mPa · s；

$t$ ——液面从刻度线 1 到刻度线 2 时间，s；

$R$ ——毛细管半径，cm；

$g$ ——重力加速度，cm/s$^2$；

$h$ —— 液柱高度，cm；

$L$ —— 毛细管长度，cm；

$m$ —— 动能补偿系数；

$V$ —— 流过毛细管液体的体积。

## 【注意事项】

1. 奥氏黏度计的常数与系数可以用测定已知黏度的方法计算出来（如水的黏度测定）。

2. 文献中还常用恩格勒黏度计测定油脂黏度。恩氏黏度的单位为条件度（°E），为200mL液体从恩氏计短管中流出所需时间与在同样条件下流出所需时间之比。可以由式（3-13）换算成黏度：

$$\mu = 0.001\,47t - \frac{3.74}{t} \tag{3-13}$$

式中：$\mu$ —— 黏度，mPa·s；

$t$ —— 流过时间，s。

# Ⅱ　旋转式黏度计法

## 一、实验原理

一定转速的转筒（或转子）在液体中转动，克服液体黏度阻力所需的转矩与液体黏度成正比关系，根据这一原理可以测定液体的黏度。

NDJ-1 旋转黏度计适用于测定各种流体及半流体的黏度和流变性，也可测定矿物油、润滑油、黏合剂、油漆、染料、油墨的动力黏度、结构黏度等（图3-6）。这种仪器用途广泛，量程达 $10^{-2} \sim 10^{6}$ mPa·s。

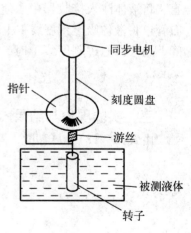

图3-6　旋转式黏度计

## 二、实验仪器、试剂与材料

### 1. 实验仪器

NDJ-1 型旋转式黏度计，恒温水浴，烧杯（50mL）。

### 2. 实验试剂

无水乙醚，95% 乙醇。

### 3. 实验材料

食用植物油脂。

## 三、操作方法与步骤

(1)选取相应的转子(0~4 号)装接到仪器上。

(2)将被测油脂装入一直径不小于 70mm 的烧杯(500mL)中。

(3)调动升降开关将转子浸入油脂中,直到转子液标与油面相平。

(4)调整仪器水平,开启电机开关,调整转速,进行测定。

(5)读取表盘读数,按式(3-14)及表 3-1 换算黏度:

$$\mu = Ka \tag{3-14}$$

式中: $\mu$ ——绝对黏度,mPa · s;

$a$ ——读数;

$K$ ——系数(表 3-1)。

表 3-1　K 系数

| 转子 | 转速/(r/min) | | | | 转子 | 转速/(r/min) | | | |
|---|---|---|---|---|---|---|---|---|---|
| | 60 | 30 | 12 | 6 | | 60 | 30 | 12 | 6 |
| 0 | 0.1 | 0.2 | 0.5 | 1 | 3 | 20 | 40 | 100 | 200 |
| 1 | 1 | 2 | 5 | 10 | 4 | 100 | 200 | 500 | 1 000 |
| 2 | 5 | 10 | 25 | 50 | | | | | |

【注意事项】

(1)黏度计必须洁净。

(2)实验过程中,恒温槽的温度要保持恒定。加入样品待恒温后才能进行测定。

(3)黏度计要垂直浸入恒温槽中,实验中不要振动黏度计。

(4)所选转子应适当,读数应在 30~90 格范围内,否则应调换转子。

(5)黏度与温度关系极大,应注意温度控制。

(6)转子选择可依表 3-2 进行。

表 3-2　转子选择

| 转速/(r/min) | 量程/(MPa · s) | 转子 | 转速/(r/min) | 量程/(MPa · s) | 转子 |
|---|---|---|---|---|---|
| | 10 | 0 | | 50 | 0 |
| | 100 | 1 | | 500 | 1 |
| 60 | 500 | 2 | 12 | 2 500 | 2 |
| | 2 000 | 3 | | 10 000 | 3 |
| | 10 000 | 4 | | 50 000 | 4 |

（续）

| 转速/(r/min) | 量程/(MPa·s) | 转子 | 转速/(r/min) | 量程/(MPa·s) | 转子 |
|---|---|---|---|---|---|
| | 20 | 0 | | 100 | 0 |
| | 200 | 1 | | 1 000 | 1 |
| 30 | 1 000 | 2 | 6 | 5 000 | 2 |
| | 4 000 | 3 | | 20 000 | 3 |
| | 20 000 | 4 | | 100 000 | 4 |

## 【思考与讨论】

1. 黏度计中装入油品后，如果恒温时间达不到要求值会对测定有何影响？

2. 黏度计倾斜时，对测定结果有何影响？

3. 若黏度计中装入的油样过多，对测定结果有何影响？

4. 如何测定恩氏黏度计的水值？方法标准对水值有何要求？

5. 如何使装入恩氏黏度计中的试样量准确？

# 实验二十九　相对密度测定

## 实验目的

学习和熟练掌握相对密度的测定方法。

# Ⅰ　液体相对密度天平法

## 一、实验原理

油脂在20℃时的质量与同体积纯水在4℃时的质量之比，称为油脂的相对密度，用 $d_{20}^4$ 或相对密度（20/4℃）表示。

植物油的相对密度（15/15℃）的近似表示方法可用式（3-15）表示。

$$d_{15}^{15} = 0.847\,5 + 0.000\,30(皂化值) + 0.000\,14(碘值) \qquad (3-15)$$

油脂的相对密度，可作为评定油脂纯度、掺杂、品质变化的参考，还可以根据相对密度将贮藏与运输油脂的体积换算为质量。

测定油脂相对密度的方法有液体相对密度天平法、相对密度瓶法和相对密度计法。

## 二、实验仪器、试剂与材料

### 1. 实验仪器

烧杯，吸管。

液体相对密度天平：是根据阿基米德定律（任何物体沉于液体中时，物体减轻的质量等于该物体排开的液体的质量）设计而成的一种不等臂天平，由天平座、支架、天平梁、浮标、平衡砝码、量筒和温度计等部件组成（图3-7）。天平座上有一个水平调节螺钉，支架中部的螺丝用来调节天平梁的高低。天平梁由两臂组成，天平平衡时，左臂的锥尖与梁架上的锥尖正好对准；右臂上有10个刻槽，在第10槽上有挂钩，钩子上挂一用白金丝吊的浮标（浮标中附有温度计），浮标的质量恰好使天平在空气中保持平衡。液体相对密度天平配有5个砝码，其中有2个质量相同的大砝码（1号等于20℃时被浮标排开水的质

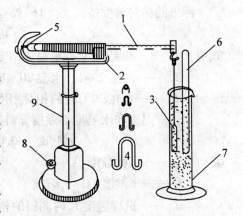

**图3-7　液体相对密度天平**

1. 秤杆　2. 刀口座　3. 浮标　4. 砝码　5. 锥尖
6. 温度计　7. 量筒　8. 水平调节螺丝　9. 支架

量），其余 3 个砝码分别是大砝码质量的 1/10（2 号）、1/100（3 号）、1/1 000（4 号），这些砝码可以骑在刻槽上或挂在挂钩上。

**2. 实验试剂**

洗涤液，乙醇，乙醚，无二氧化碳蒸馏水。

**3. 实验材料**

食用植物油脂。

## 三、实验方法与步骤

**1. 称量水**

按照仪器使用说明，先将仪器校正好，在挂钩上挂上 1 号砝码，向干净的量筒内注入无二氧化碳蒸馏水，达到浮标上的白金丝浸入水中 1cm 为止。将温度调节到 20℃，拧动天平座上的螺丝，使天平达到平衡，再不要移动；倒出量筒内的水，先用乙醇，后用乙醚将浮标、量筒和温度计上的水除净，再用脱脂棉擦干。

**2. 称试样**

将试样注入量筒内，达到浮标上的白金丝浸入试样中 1cm 为止，待试样温度达到20 时，在天平刻槽上移加砝码，使天平恢复平衡。

砝码的使用方法：先将挂钩上的 1 号砝码移至刻槽 9 上，然后在刻槽上填加 2 号、3 号、4 号砝码，使天平达到平衡。

## 四、实验现象与结果

天平达到平衡后，按大小砝码所在的位置计算结果。1 号、2 号、3 号和 4 号砝码分别为小数点后第一位、第二位、第三位和第四位。例如，油温和水温均为 20℃，1 号砝码在 9 处，2 号在 4 处，3 号在 3 处，4 号在 5 处，此时油脂的相对密度为 0.943 5。

测出的相对密度按式（3 - 16）换算为标准相对密度：

$$d_4^{20} = d_{20}^{20} \times d_{20} \qquad (3-16)$$

式中：$d_4^{20}$ ——油温 20℃、水温 4℃时油脂试样的相对密度；

$\quad\quad d_{20}^{20}$ ——油温 20℃、水温 20℃时油脂试样的相对密度；

$\quad\quad d_{20}$ ——水在 20℃时的相对密度，水温 20℃时水的相对密度为 0.998 230。

如试样温度和水温度都须换算时，则按式（3 - 17）计算：

$$d_4^{20} \left[ d_{t_2}^{t_1} + 0.000\,64 \times (t_1 - t_2) \right] \times d_{t_2} \qquad (3-17)$$

式中：$t_1$ ——试样温度，℃；

$\quad\quad t_2$ ——水温度，℃；

$\quad\quad d_{t_2}^{t_1}$ ——试样温度 $t_2$ 时测得的相对密度；

$\quad\quad d_{t_2}$ ——水温在 $t_2$ 时的相对密度，可由表 3 - 3 查得；

0.000 64 ——在 10～30℃每差 1℃时的膨胀系数（平均值）。

表3-3　水的相对密度表

| 温度/℃ | 相对密度 | 温度/℃ | 相对密度 |
|---|---|---|---|
| 0 | 0.999 868 | 20 | 0.998 230 |
| 4 | 1.000 000 | 21 | 0.998 019 |
| 5 | 0.999 992 | 22 | 0.997 797 |
| 6 | 0.999 968 | 23 | 0.997 565 |
| 7 | 0.999 926 | 24 | 0.997 323 |
| 8 | 0.999 876 | 25 | 0.997 071 |
| 9 | 0.999 808 | 26 | 0.996 810 |
| 10 | 0.999 727 | 27 | 0.996 539 |
| 15 | 0.999 126 | 28 | 0.996 259 |
| 16 | 0.998 970 | 29 | 0.995 971 |
| 17 | 0.998 801 | 30 | 0.995 673 |
| 18 | 0.998 622 | 31 | 0.995 367 |
| 19 | 0.998 432 | 32 | 0.995 052 |

双试验结果允许差不超过0.000 4，取其平均数，即为测定结果。测定结果取小数点后4位数字。

# Ⅱ　相对密度瓶法

## 一、实验原理
用同一相对密度瓶在同一温度下，分别称量等体积的油脂和蒸馏水的质量，两者的质量比即为油脂的相对密度。

## 二、实验仪器、试剂与材料
### 1. 实验仪器
电热恒温水浴锅，分析天平（感量0.000 1g），吸管（25mL），烧杯，相对密度瓶25mL或50mL（带温度计塞）（图3-8）。
### 2. 实验试剂
乙醇，乙醚，无二氧化碳蒸馏水，滤纸。
### 3. 实验材料
食用植物油脂。

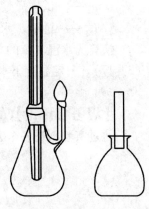

图3-8　相对密度瓶
（比重瓶）

### 三、实验方法与步骤

**1. 洗涤相对密度瓶(比重瓶)**

用洗涤液、水、乙醇、水、依次洗净相对密度瓶。

**2. 测定水质量**

用吸管吸取蒸馏水,沿瓶口内壁注入相对密度瓶,插入带温度计的瓶塞(加塞后瓶内不得有气泡存在),将相对密度瓶置于20℃恒温水浴锅中,待瓶中水温达到(20 ± 0.2)℃时,经30min后取出相对密度瓶,用滤纸吸去排水管溢出的水,盖上瓶帽,揩干瓶外部,称量。

**3. 测定瓶质量**

倒出瓶内水,用乙醇和乙醚洗净瓶内水分,用干燥空气吹去瓶内残留的乙醚,并吹干瓶内外,然后加瓶塞和瓶帽称量(瓶质量应减去瓶内空气质量,$1 cm^3$ 干燥的空气质量在标准状况下为 $0.001 293 g \approx 0.001 3 g$)。

**4. 测定试样质量**

吸取20℃以下澄清试样,按测定水质量法注入瓶内,加塞,用滤纸蘸乙醚揩净外部,置于20℃恒温水浴中,经30min后取出,揩净排水管溢出的试样和瓶外部,盖上瓶帽,称量。

### 四、实验现象与结果

在试样和水的温度为20℃条件下测得的试样质量($m_2$)和水质量($m_1$),先按式(3-18)计算相对密度($d_{20}^{20}$):

$$d_{20}^{20} = \frac{m_2}{m_1} \tag{3-18}$$

式中:$m_1$——水质量,g;

$m_2$——试样质量,g;

$d_{20}^{20}$——油温、水温均为20℃时油脂的相对密度。

换算为水温4℃的相对密度,试样和水温都须换算时的公式同式(3-16)和式(3-17)。一定温度下水的相对密度见表3-3。

### 【思考与讨论】

通过实验阐述各个方法的不同?

# 第四章　粮食制品的加工及检验实验

## 实验三十　挂面常规检验

### 实验目的
1. 掌握挂面的规格检验。
2. 掌握挂面的不整齐度与自然断条率测定方法。
3. 掌握挂面弯曲折断率测定方法。
4. 了解熟断条率测定方法及挂面的烹调损失。

## Ⅰ　规格检验

### 实验方法与步骤
从样品中任取 10 根挂面，长度用直尺(最小刻度 1mm)检验，宽度及厚度用测厚规(最小刻度 0.01mm)检验，分别取其平均值。

## Ⅱ　不整齐度测定

不整齐度与自然断条率是挂面的质量指标之一，它既反映了挂面的外观品质，也体现了挂面的内在品质(反映生产工艺是否正常及原料的品质)，可起到工艺监督作用。

### 实验方法与步骤
从样品中任意取两卷挂面分别打开，将有毛刺、疙瘩、弯曲、并条及长度不足规定长度 2/3 的挂面，一并拣出称重，取两卷平均数。按式(4-1)计算：

$$不整齐度(\%) = \frac{不整齐面条质量}{样品质量} \times 100\% \qquad (4-1)$$

测定结果计算到小数点后 1 位数字。

## Ⅲ   自然断条率测定

**实验方法与步骤**

将上述不整齐度中的长度不足规定长度 2/3 的挂面拣出称重，取两卷平均数。测定结果计算到小数点后 1 位数字：

$$自然断条率(\%) = \frac{断条质量}{样品质量} \times 100\% \qquad (4-2)$$

测定结果计算到小数点后 1 位数字。

## Ⅳ   弯曲折断率测定

将挂面人为地弯曲到一定程度，在这一程度内被折断的挂面称为断条。断条挂面根数占被检挂面总根数的百分率即为挂面弯曲折断率。

**实验方法与步骤**

从样品中随机抽取面条 20 根，截成 18cm 长，依次放在标有厘米刻度和角度的导板上，用左手固定零位端，右手缓缓沿水平方向向左方移动，使面条缓缓弯曲成弧形，未到规定的弯曲角度断条的，即为弯曲断条。

## Ⅴ   熟断条率及烹调损失

挂面熟断条率及烹调损失技术要求：
①熟断条率：一级品为 0，二级品≤5.0%。
②烹调损失：一级品≤10.0%，二级品≤15.0%。

### 一、实验仪器

烘箱，可调式电炉 1 000W，秒表，天平(感量 0.1g)，烧杯(1 000mL 2 个，250mL 2 个)，容量瓶(500mL)，移液管(50mL)，玻璃片(2 块，10cm×50cm)。

### 二、实验方法与步骤

#### 1. 烹调时间测定

抽取挂面 40 根，放入盛有样品质量 50 倍沸水的 1 000mL 烧杯(或铝锅)中，用可调式电炉加热，保持水的微沸状态，从 2min 开始取样，然后每隔 30s 取样一次，每次一根,用两块玻璃片压扁,观察挂面内部白硬心线,白硬心线消失时所记录的时间即烹调时间。

**2. 熟断条率测定**

抽取挂面 40 根,放入盛有样品质量 50 倍沸水的 1 000mL 烧杯(或铝锅)中,用可调式电炉加热,保持水的微沸状态,达到第一步所测烹调时间后,用筷子将面条轻轻挑出,计算数取断条根数并检验烹调性(挂面煮熟后应不煳、不浑汤、不牙碜,柔软爽口)。

**3. 烹调损失测定**

称取约 10g 样品,精确至 0.1g,放入盛有 500mL 沸水(蒸馏水)的烧杯中,用电炉加热,保持水的微沸状态,按第一步测定的烹调时间煮熟后,用筷子挑出挂面,面汤放至常温后转入 500mL 容量瓶中定容混匀,吸 50mL 面汤倒入恒重的 250mL 烧杯中,放在可调式电炉上蒸发掉大部分水分后,再吸入面汤 50mL,继续蒸发至近干,放入 105℃烘箱中烘至恒重,计算烹调损失。

## 【思考与讨论】

挂面的常规检验是否适合所有的挂面?对所需检测的挂面有哪些要求?

# 实验三十一　面包的制作

## 一、实验目的

1. 了解和掌握面包生产的工艺流程和操作技术要点。
2. 了解和掌握面包制作基本原理。
3. 了解和掌握各种原料的性质以及在面包中所起的作用。
4. 掌握纠正面包出现常见质量问题的方法。

## 二、实验原理

主食面包是以高筋面粉、酵母、水、盐为基本材料，不添加过多辅料（油脂用量低于6%，糖用量低于10%），经面团调制、发酵、整形、醒发、焙烤、冷却工艺而制成的膨胀、松软的制品。

### 1. 面包的一次发酵生产工艺

配料→搅拌→发酵→切块→搓团→整形→醒发→焙烤→冷却→成品

一次发酵法的优点是发酵时间短，提高了设备和车间的利用率，提高了生产效率，且产品的咀嚼性、风味较好。缺点是面包的体积较小，易于老化；批量生产时，工艺控制相对较难，一旦搅拌或发酵过程出现失误，无弥补措施。

### 2. 面包的二次发酵生产工艺

种子面团配料→种子面团搅拌→种子面团发酵→主面团配料→主面团搅拌→主面团发酵→切块→搓团→整形→醒发→焙烤→冷却→成品

二次发酵法的优点是面包的体积大，表皮柔软，组织细腻，具有浓郁的芳香风味，且成品老化慢。缺点是投资大，生产周期长，效率低。

### 3. 面包快速发酵生产工艺

配料→面团搅拌→静置→压片斗卷起→切块→搓圆→成型→醒发→焙烤斗冷却→成品

快速发酵法是指发酵时间很短或根本无发酵的一种面包加工方法。整个生产周期只需2h。其优点是生产周期短，生产效率高，投资少，可用于特殊情况或应急情况下的面包供应。缺点是风味相对较差，保质期较短，易于老化等。

## 三、实验仪器与材料

### 1. 实验仪器

立式搅拌机或卧式搅拌机，压面机，醒发箱，面团分割机（选用），面团滚圆机（选用），远红外线电烤炉，不锈钢操作工作台，刮板，擀面杖，电子秤，烤模，烤盘，模具，排笔，架子车，面团温度计，纸袋或塑料袋，成型机（选用），保鲜膜。

**2. 实验材料**

高筋面粉(1 000g)，酵母(10g)，水，盐(10g)，面包改良剂(10g)，奶油(100g)，糖(180g)。

## 四、实验方法与步骤

**1. 二次发酵工艺流程**

原辅料处理→第一次调粉→第一次发酵→第二次调粉→第二次发酵→成型→醒发→烘烤→冷却→包装

**2. 操作技术要点**

(1) 原辅料处理　按实际用量称量各原辅料，并进行一定处理。用10倍量的温水对酵母进行活化处理，面粉需过筛，盐和面包改良剂与面粉混匀，固体油脂需水浴熔化，冷却后备用。

(2) 第一次调粉　取80%面粉、70%水及全部酵母(预先用少量30～36℃的水溶化)一起加入调粉机中，先慢速搅拌约3min，物料混合后中速搅拌约10min，使物料充分起筋成为黏稠而光滑的酵母面团，调制好的面团温度应在30～32℃。

(3) 第一次发酵　面团中插入一根温度计，放入32℃恒温培养箱中的容器内，静置发酵2～2.5h，观察发酵成熟(发起的面团用手轻轻一按能微微塌陷)即可。取时面团温度不要超过33℃。

(4) 第二次调粉　剩余的原辅料(糖、盐等固体应先用水溶化)与经上述发酵成熟的面团一起加入调粉机。先慢速搅拌面团，加入油脂后改成中速，继续搅拌成光滑均一的成熟面团(10～12min)。搅拌后面团的最佳温度为33℃。

(5) 第二次发酵　和好的面团放入发酵室内进行第二次发酵，发酵条件为温度30℃左右，相对湿度70%～75%，发酵时间约2h，发酵成熟。

发酵成熟度经验判断方法常用的有以下两种：

①回落法：用肉眼观察面团的表面，若出现略向下塌陷的现象，则表示面团已发酵成熟。

②手触法：将手指轻轻压入面团表面顶部，待手指离开后，看面团的变化情况。

面团成熟：面团经手指接触后，不再向凹处塌陷，被压凹的面团也不立即恢复原状。仅在面团的凹处四周略微向下落，则表示面团发酵已经成熟，应立即进行下道工序操作。

成熟不足：面团被触成的凹处，在手指离开后很快恢复原状，则表示面团发酵不足，应延长发酵时间，促使面团成熟。

发酵过度：如果面团的凹处随手指离开而很快就向下陷落，即表示面团发酵过度。

(6) 整形

①分块：按成品面包质量110%的比例，将发酵好的面团分割成均匀一致的面坯。分块要在15～20min内完成。

②搓圆：搓圆是将不规则的面块搓成圆球形状，恢复在分割过程中被破坏的面筋网

络结构。手工搓圆的要领是手心向下，用五指握住面团，向下轻压，在面案上顺一个方向迅速旋转，将面团搓成球状。

③静置：将搓好后的面坯用保鲜膜或防油纸盖住，放置 12~18min，使面筋松弛，利于做型。

④做型：按照不同的品种及设计的形状采用相应的方法做型。

（7）醒发　烤盘预热刷油后，将成型面包坯均匀摆放在烤盘内，表面刷一薄层蛋液后，送发酵箱中，醒发条件为温度 38~40℃，相对湿度 80%~90%，醒发时间 55~60min。

（8）烘烤　将醒发好的面团放入烤炉中，烘烤初期，烤炉的面火温度160℃，底火温度185℃；烘烤后期，烤炉的面火温度210~220℃，底火温度185℃，时间约20min。

（9）冷却　将烤熟的面包从烤炉中取出，自然冷却后包装。

## 【注意事项】

1. 在使用各种机械进行操作时，首先必须阅读机器的使用说明书，熟悉机器的使用方法及其性能，根据面包制作各个步骤的要求，正确操作。

2. 制作软式主食面包要求尽量多加水，形成柔软面团，这样成品组织细腻，口感松软，富有弹性，且保鲜期较长。但也不是水越多越好，太多的水会使面团稀软，整形操作困难，不易烤熟，且面包成品容易在两侧向内凹陷，吃时黏牙。面团的加水量应视所用小表粉的吸水量和面团配方的成分而定。根据实验条件，严格计算水温。一般配方中有糖、油、蛋等成分，加水量应少些；而有乳粉的配方则应适当增加水量。改良剂因种类不一，用量应照说明使用。

3. 在搅拌面团时要特别注意搅拌终点（即面筋完全扩展）的判断，搅拌不足会降低面包质量，更不能搅拌过度。判断面团是否达到面筋完全扩展的程度，可用手触摸面团顶部，感觉有黏性，但手离开面团不黏手，且面团表面有手指黏附的痕迹，但很快消失，说明面团已达完全扩展。

4. 所用面包模的大小应与分割面团的质量大小相适应。面包模太大，会使面包内部组织不均匀、颗粒粗糙；面包模太小，则影响面包体积，使顶部胀裂严重。面包模在装入面团之前，要注意使其温度与室温相同，太高和太低都不利于醒发。严格控制发酵程度和醒发程度，在实际操作中，尤其要注意这一点，刚出炉的面包模不能立即用于装盘，必须冷却到32℃左右方能使用。

5. 整个操作过程中尽量不要撒干粉，干粉过多会使面包内部出现大的孔洞或条状硬纹。如在操作中面团黏手不便于操作，可用手指蘸些液态油在两手掌中摩擦，手上形成一层均匀的薄油膜，便可防止面团黏连，有利于操作。

6. 烘烤面包时，要特别注意炉温的控制。在入炉前可将炉温调得稍高一点，因为在打开炉门放进烤盘时，会造成一部分热量的损失，适当调高入炉温度，主要是为了避免入炉时炉温下降得太低，影响烘烤质量，烘烤时要注意根据不同类型烤炉的特点来控制炉温，如烤炉炉温有不均匀现象，那么在烘烤过程中就要适时调转烤盘方向，使成品成熟均匀，保证成品质量。

## 【思考与讨论】

1. 面包体积过小是什么原因？有什么解决办法？
2. 面包内部组织粗糙是什么原因？有什么解决办法？
3. 面包表皮过厚是什么原因？有什么办法？
4. 面包保鲜期不长原因及解决办法是什么？
5. 制作面包对面粉材料有何要求？
6. 如何控制面团温度？
7. 影响面团搅拌的因素有哪些？
8. 面团搅拌不足或过度的危害有哪些？
9. 面团发酵的主要目的是什么？
10. 面团发酵成熟度对面包品质有哪些影响？
11. 影响面团发酵速度的因素有哪些？
12. 什么是发酵损失？影响发酵损失的因素有哪些？
13. 二次发酵法有哪些特点？
14. 面团醒发时应注意哪些事项？
15. 烤炉为什么要提前预热？

# 实验三十二　酥性饼干的制作与质量检验

## 一、实验目的

1. 了解和掌握酥性饼干生产原理、工艺流程和制作方法。
2. 掌握酥性饼干的特性及有关食品添加剂的作用、使用方法。

## 二、实验原理

酥性饼干是以小麦粉、糖、油脂为主要材料，加入疏松剂、改良剂和其他辅料，经冷粉工艺调粉、辊压或不辊压、成型、烘烤制成的表面花纹多为凸花、断面结构呈多孔状组织、口感酥松或松脆的饼干。

## 三、实验仪器与材料

### 1. 实验仪器

HWT50 型不锈钢和面机，小型多用饼干成型机，远红外食品烤箱，面盆，烤盘，研钵，刮刀，帆布手套，台秤，卡尺，面筛，塑料袋，塑料袋封口机，切刀，调温调湿箱，压片机，手工成型模具，擀筒，打蛋机，注浆机或挤浆布袋等。

### 2. 实验材料

小麦粉(2 500g)，鸡蛋(125g)，水，碳酸氢钠(12.5～15g)，碳酸氢铵(3.75～7.5g)，油脂(350～400g)，砂糖(800～850g)，奶粉(125g)，浓缩卵磷脂(25g)，饴糖(75～100g)。

## 四、实验方法与步骤

### 1. 工艺流程

原辅材料的选择与处理→面团调制→面团辊轧→成型→烘烤→冷却→包装→成品

### 2. 操作技术要点

(1)调粉　酥性面团的配料次序对调粉操作和产品质量有很大影响，通常采用的程序如下：

卵磷脂、碳酸氢钠
↓
糖→油脂→饴糖→鸡蛋→水溶液←碳酸氢铵
↓
混合→筛入面粉→筛入奶料→调粉(1～2min)

调粉操作要遵循造成面筋有限胀润的原则，因此面团加水量不能太多，也不能在调粉开始以后再随便加水，否则易造成面筋过量胀润，影响质量。面团温度应在 25～

30℃之间，在卧式调粉机中调 5～10min。

（2）静置　调酥性面团并不一定要采取静置措施，但当面团黏性过大、胀润度不足、影响操作时，需静置 10～15min。

（3）压面　现今酥性面团已不采用辊轧工艺，但是，当面团结合力过小，不能顺利操作时，采用辊轧的办法，可以得到改善。

（4）成型　酥性面团可用冲印或辊切等成型方法，模型宜采用无针孔的阴文图案花纹。在成型前面团的压延比不要超过 4:1。比例过大，易造成面团表面不光、黏辊筒、饼干僵硬等弊病。

（5）烘烤　酥性饼干易脱水，易着色，采用高温烘烤，在 300℃ 条件下烘烤 3.5～4.5min。

（6）冷却　在自然冷却的条件下，如室温为 25℃ 左右，经过 5min 以上的冷却，饼干温度可下降到 45℃ 以下，基本符合包装要求。

## 五、实验现象与结果

### 1. 实验操作标准及参考评分

实验操作标准及参考评分见表 4-1。

表 4-1　饼干实验操作标准及参考评分

| 序号 | 训练项目 | 工作内容 | 技能要求 | 满分100 |
|---|---|---|---|---|
| 1 | 准备工作 | （1）工作 | 能发现并解决卫生问题 | 5 |
| | | （2）备料 | 能进行原辅料预处理 | 5 |
| | | （3）检查工器具 | 检查设备运行是否正常 | 5 |
| 2 | 面团调制 | （1）投料顺序 | 按照酥性饼干配方要求正常投料 | 10 |
| | | （2）面团调制 | 能根据不同产品工艺要求正常调制面团 | 10 |
| 3 | 面团辊轧 | （1）辊轧原理 | 正常掌握各种产品面团辊轧原理 | 10 |
| | | （2）操作要点 | 正常掌握各种饼干的面团辊轧要点 | 10 |
| 4 | 成型 | （1）成型方式 | 熟练掌握各种成型方式 | 10 |
| | | （2）成型方式选择 | 根据不同类型的饼干选择正确的成型方式 | 10 |
| 5 | 烘烤 | 根据不同类型饼干控制好烘烤时工艺参数 | | 15 |
| 6 | 冷却 | 掌握不同类型饼干冷却的条件和要求 | | 5 |
| 7 | 包装 | 按照不同类型的饼干选择合适的包装材料 | | 5 |

### 2. 考核要点及参考评分

饼干的品质评定包括色泽鉴别、形状鉴别、组织结构鉴别、气味和滋味鉴别等几个部分。酥性饼干考核要点及参考评分见表 4-2，总分 100。

表4-2　酥性饼干考核要点及参考评分

| 项　目 | | 要　求 | 满分100 |
|---|---|---|---|
| (1)色泽 | 优良饼干 | 表面边缘和底部呈均匀的浅黄色和金黄色，无阴影，无焦边，有油润感 | 25 |
| | 次质饼干 | 色泽不均匀，表面有阴影，有薄面，稍有异常颜色 | 15~20 |
| | 劣质饼干 | 表面色重，底部色重，发花(黑黄不均) | 10~15 |
| (2)性状鉴别 | 优良饼干 | 块型整齐，薄厚一致，花纹清晰，不缺角，不变形，不扭曲 | 25 |
| | 次质饼干 | 花纹不清晰，表面起泡，缺角，收缩，变形，但不严重 | 15~20 |
| | 劣质饼干 | 起泡，破碎严重 | 10~15 |
| (3)组织结构 | 优良饼干 | 组织细腻，有细密而均匀的小气孔，用手掰易折断，无杂质 | 25 |
| | 次质饼干 | 组织粗糙，稍有污点 | 15~20 |
| | 劣质饼干 | 有杂质，发霉 | 10~15 |
| (4)气味和滋味 | 优良饼干 | 甜味醇正，酥松香脆，无异味 | 25 |
| | 次质饼干 | 不酥脆 | 15~20 |
| | 劣质饼干 | 有油脂酸败味 | 10~15 |

## 【注意事项】

1. 香精要在调制成乳浊液的后期再加入，或在投入小麦粉时加入，以便控制香味过量挥发。

2. 面团调制时，夏季因气温较高，搅拌时间缩短2~3min。面团温度要控制在22~28℃。油脂含量高的面团，温度控制在22~25℃。夏季气温高，可以用冰水调制面团，以降低面团温度。

3. 如面粉中湿面筋含量高于40%时，可将油脂与面粉调成油酥式面团，然后再加入其他辅料，或者在配方中抽掉部分面粉，换入同量的淀粉。

4. 面团调制均匀即可，不可过度搅拌，防止面团起筋。

5. 面团调制操作完成后不必长时间静置，应立即轧片，以免起筋。

## 【思考与讨论】

1. 饼干产生收缩变形的原因是什么？如何解决？

2. 饼干粘底的原因是什么？如何解决？

3. 饼干不上色的原因是什么？如何解决？

4. 饼干冷却后依旧发软、不松脆的原因是什么？如何解决？

5. 饼干易碎的原因是什么？如何解决？

# 实验三十三　韧性饼干的制作与质量检验

## 一、实验目的

1. 了解和掌握韧性饼干生产原理、工艺流程和技术要点。
2. 掌握韧性饼干的特性及有关食品添加剂的作用、使用方法。

## 二、实验原理

韧性饼干是以小麦粉、糖(或无糖)、油脂为主要材料，加入疏松剂、改良剂和其他辅料，经热粉工艺调粉、辊压、成型、烘烤制成的表面花纹多为凹花、外观光滑、表面平整，一般有针眼、断面结构、层次、口感松脆的饼干。

## 三、实验仪器与材料

### 1. 实验仪器

电炉，台秤，喷水器，调粉机，小型压面机，饼干成型模具，烤盘，远红外烤箱。

### 2. 实验材料

韧性饼干配料见表4-3。

表4-3　韧性饼干配料　　　　　　　　　　　　　　　　　kg

| 材料名称 | 韧性饼干配方1 | 韧性饼干配方2 | 蛋杏元饼干配方 |
| --- | --- | --- | --- |
| 标准粉 | 9 | 5 | 7 |
| 淀粉 | 1 | — | — |
| 磷脂 | 0.01 | — | — |
| 碳酸氢铵 | 0.04 | 0.08 | — |
| 白砂糖 | 3 | 0.60 | 7 |
| 饴糖 | 0.4 | — | — |
| 香精油/mL | 17.6(香蕉香精油) | 20(芝麻香精) | 20(香草香精) |
| 植物油 | 0.76 | 0.5 | — |
| 精制油 | 1.2 | — | — |
| 精盐 | 0.04 | — | — |
| 小苏打(碳酸氢钠) | 0.06 | 0.04 | — |
| 乳粉 | — | 0.20 | — |
| 泡打粉 | — | 0.02 | — |
| 单甘酯 | — | 0.005 | — |
| 香兰素 | — | 0.005 | — |
| BHT | — | 0.001 | — |

(续)

| 材料名称 | 韧性饼干配方1 | 韧性饼干配方2 | 蛋杏元饼干配方 |
|---|---|---|---|
| 焦亚硫酸钠 | — | 0.01 | — |
| 鸡蛋 | — | 0.60 | — |
| 芝麻 | — | — | — |
| 水 | 适量 | 1.60 | — |

## 四、实验方法与步骤

### 1. 工艺流程

原辅料预处理→面团的调制→辊轧→成型→焙烤→冷却→包装

### 2. 操作技术要点

(1)调粉 由于韧性面团用油量一般较少，用水量较大，可先将面粉加入到搅拌机中搅拌，然后将植物油、白砂糖、鸡蛋、乳粉等辅料加热水混匀后，缓慢倒入搅拌机中。焦亚硫酸钠及单甘酯应在面团初步形成时加入；由于韧性面团调制温度较高，疏松剂(碳酸氢铵、碳酸氢钠、泡打粉)及香精(芝麻香精与香兰素)应在面团调制的后期加入，以减少分解和挥发。

面团温度直接影响面团的流变学性质，根据经验，韧性面团温度一般在 38~40℃，面团的温度常用加入的水或糖浆的温度来调整，冬季用水或糖浆的温度为 50~60℃，夏季 40~45℃。面团调制时间为 30~40min。

(2)压片与成型 调制好的面团在其调制成熟后需静置 10~15min，以保持面团性能稳定，然后压片。用手工或用小型压面机的辊轧机构反复辊轧，最后压成 2~4mm 面片。将轧好的面片用模具冲印成型。

(3)摆盘 烤盘在使用前要预热，并在其上涂抹食用油，以防粘盘；将成型饼干坯均匀地摆在盘上，坯与坯之间保持一定距离，不可太近，以防粘连。

(4)烘烤 先对烤盘中的饼干坯子喷一次雾(水)，其目的是使饼干在烘烤过程中受热均匀，防止饼干表面焦煳，中心夹生。喷雾可延缓饼干表面成熟的速度。同时，又可避免因炉内温度过高而引起的饼干龟裂现象。喷雾后，将烤盘放于远红外烤箱中以 180~220℃烘烤 5~10min。

(5)冷却与包装 饼干出炉后应立即冷却，使温度降到 30~35℃，然后包装即为成品。

## 五、实验现象与结果

### 1. 实验操作标准及参考评分

饼干实验操作标准及参考评分见表4-1。

### 2. 考核要点及参考评分

韧性饼干各部分评分细则见表4-4，总分 100 分。

表 4-4　韧性饼干考核要点及参考评分

| 项　目 | | 要　求 | 满分100 |
|---|---|---|---|
| (1)色泽 | 优良饼干 | 表面、底部边缘都呈均匀一致的金黄色或草黄色，表面有光亮的糊化层 | 25 |
| | 次质饼干 | 色泽不太均匀，表面无光亮感，有生面粉或发花，稍有异色 | 15~20 |
| (2)形状鉴别 | 优良饼干 | 形状整齐，薄厚均匀一致，花纹清晰，不起泡，不缺边角，不变形 | 25 |
| | 次质饼干 | 凹底面积已超过1/3，破碎严重 | 15~20 |
| (3)组织结构 | 优良饼干 | 内质结构细密，有明显的层次，无杂质 | 25 |
| | 次质饼干 | 杂质情况严重，内质僵硬，发霉变质 | 15~20 |
| (4)气味和滋味 | 优良饼干 | 酥松香甜，食之爽口，味道醇正，有咬劲，无异味 | 25 |
| | 次质饼干 | 口感僵硬干涩，或有松软现象，食之黏牙，有化学疏松剂或化学改良剂的气味及哈喇味 | 15~20 |

## 【注意事项】

1. 韧性面团温度的控制。冬季室温 25℃ 左右，可控制在 32~35℃；夏季室温 30~35℃时，可控制在 35~38℃。

2. 韧性面团在辊轧以前，面团需要静置一段时间，目的是消除面团在搅拌期间因拉伸所形成的内部张力，降低面团的黏度与弹性，提高制品质量与面片工艺性能。静置时间的长短与面团温度有密切关系，面团温度高时，静置时间短；温度低时，静置时间长。一般要静置 10~20min。

3. 当面片经数次辊轧，可将面片转 90°，进行横向辊轧，使纵横两方向的张力尽可能地趋于一致，以便使成型后的饼坯能保持不收缩、不变形的状态。

4. 在烘烤时，如果烤炉的温度较高，可以适当缩短烘烤时间。炉温过低、过高都影响成品质量，如过高容易烤焦，过低使成品不熟、色泽发白等。

## 【思考与讨论】

1. 制作韧性饼干应采用什么面粉？为什么？
2. 制作韧性饼干面团调制过程应注意哪些问题？
3. 碳酸氢钠与碳酸氢铵在制作韧性饼干中的作用是什么？
4. 焦亚硫酸钠的作用是什么？

# 实验三十四　发酵饼干(苏打饼干)的制作与质量检验

## 一、实验目的

1. 了解和掌握发酵饼干生产原理、工艺流程和制作方法。
2. 掌握发酵饼干的特性及有关食品添加剂的作用、使用方法。

## 二、实验原理

发酵饼干是以小麦粉、糖、油脂为主要材料，以酵母为疏松剂，加入各种辅料，经调粉、发酵、辊压、叠层、成型、烘烤制成的酥松或松脆、具有发酵制品特有香味的饼干。

## 三、实验仪器与材料

### 1. 实验仪器

电炉，台秤，喷水器，调粉机，小型压面机，饼干成型模具，烤盘，远红外烤箱等。

### 2. 实验材料

发酵饼干配料见表4－5。

表4－5　发酵饼干配料　　　　　　　　　　　　kg

| 材料名称 | 发酵饼干配方 | 奶油苏打饼干 |
| --- | --- | --- |
| 标准粉 | 50 | 50 |
| 起酥油 | 7.5 | — |
| 奶油 | — | 7.5 |
| 人造奶油 | — | 2.5 |
| 即发干酵母 | 0.6 | — |
| 精盐 | 0.7 | 0.7 |
| 小苏打(碳酸氢钠) | 0.25 | 0.25 |
| 酒花液 | — | 2.5 |
| 改良剂 | 0.5 | — |
| 味精 | 适量 | 适量 |
| 香兰素 | 适量 | 适量 |
| 水 | 23 | 17.5 |

## 四、实验方法与步骤

### 1. 工艺流程

原辅料预处理→面团的调制→辊轧→成型→焙烤→冷却→包装

### 2. 操作技术要点

（1）第一次调粉和发酵　取即发干酵母 0.6kg 加入适量温水和糖进行活化，然后投入过筛后小麦粉 20kg 和 11kg 水进行第一次调粉，调制时间需 4～6min，调粉结束要求面团温度在 28～29℃。调好的面团在温度 28～30℃、湿度 70%～75% 的条件下进行第一次发酵，时间在 5～6h。

（2）第二次调粉和发酵　将其余的小麦粉过筛放入已发酵好的面团里，再把部分起酥油、精盐（30%）、面团改良剂、味精、小苏打、香草粉、12kg 左右的水都同时放入和面机中，进行第二次调粉，调制时间需 5～7min，面团温度在 28～33℃，然后进行第二次发酵，在温度 27℃、相对湿度 75% 下发酵 3～4h。

（3）辊轧、夹油酥　把剩余的精盐、起酥油均匀拌和到油酥中。发酵成熟面团在辊轧机中辊轧多次，辊轧好后夹油酥，进行折叠并旋转 90°再辊轧，达到面团光滑细腻。

（4）成型　采用冲印成型，多针孔印模，面带厚度为 l.5～2.0mm，制成饼坯。

（5）烘烤　炉温 260～280℃，烘烤 6～8min 即可，成品含水率为 2.5%～5.5%。

（6）冷却　出炉冷却 30min，整理、包装即为成品。

## 五、实验现象与结果

### 1. 实验操作标准及参考评分

饼干实验操作标准及参考评分见表 4-1。

### 2. 考核要点及参考评分。

发酵饼干各部分评分细则见表 4-6，总分 100 分。

表 4-6　发酵饼干考核要点及参考评分

| 项　目 | | 要　求 | 满分 100 |
|---|---|---|---|
| 1）色泽 | 优良饼干 | 表面呈乳白色至浅黄色，起泡处颜色略深，底部金黄色 | 25 |
| | 次质饼干 | 色彩稍深或稍浅，分布不太均匀 | 15～20 |
| | 劣质饼干 | 表面黑暗或有阴影，发毛 | 10～15 |
| 2）形状鉴别 | 优良饼干 | 片形整齐，表面有小气泡和针眼状小孔，油酥不外露，表面无生粉 | 25 |
| | 次质饼干 | 有部分破碎，片形不太平整，表面露酥或有薄层生粉 | 15～20 |
| | 劣质饼干 | 片形不整齐，缺边、缺角严重 | 10～15 |
| 3）组织结构 | 优良饼干 | 夹酥均匀，层次多而分明，无杂质，无油污 | 25 |
| | 次质饼干 | 夹酥不均匀，层次较少，但无杂质 | 15～20 |
| | 劣质饼干 | 有油污，有杂质，层次间粘连接成一体，发霉变质 | 10～15 |

（续）

| 项　目 | | 要　求 | 满分100 |
|---|---|---|---|
| (4)气味和滋味 | 优良饼干 | 口感酥松香脆，具有发酵香味和本品固有的风味，无异味 | 25 |
| | 次质饼干 | 食之发艮或绵软，特有的发酵饼干味道不明显 | 15~20 |
| | 劣质饼干 | 因油脂酸败而带有哈喇味 | 10~15 |

## 【注意事项】

1. 各种原辅料须经处理后才能用于生产。小麦粉需过筛，以增加膨松性，去除杂质；糖须化成一定浓度的糖液；即发干酵母应加入适量温水和糖进行活化，油脂需熔化成液态；各种添加剂需溶于水过滤后加入，并注意加料顺序。

2. 必须计算好总液体加入的量，一次性定量准确，杜绝中途加水，且各种辅料应加入糖浆中混合均匀方可投入小麦粉。

3. 严格控制调粉时间，防止过度起筋或筋力不足。

4. 面团调制后的温度冬季应高一些，在28~33℃；夏季应低一些，在25~29℃。

5. 在面团辊轧过程中，需要控制压延比，未夹油酥前不宜超过3:1；夹油酥后一般要求(2~2.5):1。

6. 辊轧后与成型前的面带要保持一定的下垂度，以消除面带压延后的内应力。

## 【思考与讨论】

1. 制作发酵饼干起泡的原因是什么？如何解决？
2. 饼干产生裂缝的原因是什么？如何解决？
3. 饼干口感粗糙的原因是什么？如何解决？

# 实验三十五　蛋糕的制作及质量检验

## 一、实验目的

1. 了解和掌握清水蛋糕和油蛋糕的制作原理、工艺流程和制作方法。
2. 掌握物理膨松面团的调制方法和烤制、成熟方法。
3. 了解和掌握成品蛋糕质量分析与鉴别方法。

## 二、实验原理

### 1. 乳沫类蛋糕的制作原理(蛋白膨松原理)

乳沫类蛋糕主要材料有蛋、糖、小麦粉,另有少量液体油。乳沫类蛋糕的制作原理是依靠蛋白的发泡性。蛋白在打蛋机的高速搅打下,蛋液卷入大量空气,形成许多被蛋白质胶体薄膜包围的气泡,随着搅打不断进行,空气的卷入量不断增加,蛋糊体积不断增加。刚开始气泡较大而透明,并呈流动状态,空气泡受高速搅打后不断分散,形成越来越多的小气泡,蛋液变成乳白色细密泡沫,并呈不流动状态。气泡越多越细密,制作的蛋糕体积越大,组织越致密,结构越疏松柔软,在炉内焙烤过程中,在炉内产生蒸汽压力而使蛋糕体积再次起发膨胀。

### 2. 面糊类蛋糕的制作原理(油脂膨松原理)

面糊类蛋糕主要材料依次为糖、油、面粉,其中油脂用量较多。制作面糊类蛋糕时,糖、油在进行搅拌过程中,油脂中拌入了大量空气并产生气泡。加入蛋液继续搅拌,使料液中气泡随之增多,这些气泡受热膨胀,会使蛋糕体积增大、质地松软。为使面糊类蛋糕糊在搅拌过程中能混入大量空气,应注意选用油脂,保证其可塑性、融合性和油性。

### 3. 蛋糕烘烤原理

(1)水分　温度达100℃时,开始汽化,蛋糕内部水分向表面扩散,由表面逐渐蒸发出去。

(2)气体　蛋糕糊内部气泡受热膨胀,使蛋糕体积膨胀,当温度达一定程度后,蛋白质凝固和淀粉吸水膨胀胶凝,使蛋糕定型。

(3)色泽和香味　当水分蒸发到一定程度时,蛋糕表面温度上升,表面发生焦糖化反应和美拉德反应,产生金黄色和特殊的蛋糕香味。

## 三、实验仪器与材料

### 1. 实验仪器

烤炉,打蛋机,称量器及台秤,烤盘用具,蛋糕模,油刷,刀具、铲刀、钢勺,不锈钢面盆，裱花用具(裱花嘴、裱花布袋、裱花架)，操作台，牛皮纸，打蛋杆(用于手工搅打)，刷子，擀面棍，面筛，金属架。

**2. 实验材料**

蛋糕配料如表4-7所示。

表4-7　蛋糕配料

g

| 材料名称 | 乳沫类蛋糕配方 | 面糊类蛋糕配方 |
|---|---|---|
| 糕点粉 | 1 500 | 1 000 |
| 白砂糖 | 1 000 | 1 000 |
| 鸡蛋 | 2 000 | 1 150 |
| 黄奶油 | — | 1 000 |
| 水 | 300 | — |
| 碳酸氢铵或泡打粉 | 15 | — |
| 牛奶香精或香兰素 | 15 | 10 |
| 蛋糕油 | — | 20 |

## 四、实验方法与步骤

**1. 工艺流程**

材料准备→打蛋→拌粉→装模→焙烤→冷却→成品

**2. 操作技术要点**

(1)清蛋糕的制作

①打蛋：先将鸡蛋液、白砂糖加入打蛋机中，使糖粒基本溶化，再用高速搅打至蛋液呈稠状的乳白色，打好的鸡蛋糊成稳定的泡沫状(一般体积为原来的2~3倍，时间是15~20min)。

②拌粉：将糕点粉用60目以上的筛子轻轻疏松一下过筛，再将泡打粉、奶香精或香兰素加入混合均匀，一起撒入打好的蛋浆中，慢慢将面粉倒入蛋糊中。同时轻轻翻动蛋糊，以最轻、最少翻动次数拌至见不到生粉即可(打蛋机用慢速搅拌1min左右即可)，理想温度为24℃。

③装模：先在烤盘模具内涂上一层植物油或猪油，以防止粘模，然后轻轻将调好的蛋糊均匀注入其中，注入量为2/3。

④焙烤：将装模后的烤盘放入已预热到180~200℃的烤炉内，烘烤15~20min(根据烤盘模具大小选择合适的烘烤温度和时间)，至表面棕黄色即可。

⑤成品：计算出品率，出品率＝产出质量/投入材料质量×100%。

(2)油蛋糕的制作

①打发：将黄奶油加白砂糖放在45~50℃热水盆中水浴，熔化后搅拌均匀。缓慢加入蛋液、蛋糕油，先慢速搅拌1min，再高速搅拌8~10min进行打发。

②拌粉：将过筛后的糕点粉、牛奶香精倒入搅拌缸中，慢速搅拌1min成面糊。

③注模：将调好的面糊倒入裱花袋，进行注模。

④ 烘烤：采用先低火、后高温的烘烤方法，面火220℃，底火180℃，烘烤时间为12~20min，成熟的蛋糕表面一般为均匀的金黄色，若乳白色，说明未烤透；蛋糊仍黏手，说明未烤熟；不黏手即可停止。

⑤ 成品：出炉后稍冷，然后脱模，冷透后再包装出售，计算出品率。

## 五、实验现象与结果

### 1. 实验操作标准及参考评分

实验操作标准及参考评分如表4-8所示。

**表4-8　蛋糕实验操作标准及参考评分**

| 序号 | 训练项目 | 工作内容 | 技能要求 | 满分100 |
|---|---|---|---|---|
| 1 | 准备工作 | (1)工作 | 能发现并解决卫生问题 | 5 |
| | | (2)备料 | 能进行原辅料预处理 | 5 |
| | | (3)检查工器具 | 检查设备运行是否正常 | 5 |
| 2 | 面糊调制 | (1)配料 | 能按产品配方计算出原辅料实际用量 | 10 |
| | | (2)搅拌 | 能根据产品配方和工艺要求解决搅拌过程中出现的一般问题 | 5 |
| | | (3)调制 | 能使用5种方法进行调制 | 10 |
| 3 | 装盘(装模) | (1)涂油 | 烤盘内涂一层薄薄的油层，方便出炉后脱模 | 3 |
| | | (2)垫纸 | 在涂过油的烤盘上垫上糕点纸托，以便出炉后脱模 | 2 |
| | | (3)装模 | 蛋糕面糊的填充量应与蛋糕烤盘模具大小相一致 | 10 |
| 4 | 烘烤 | (1)烤前准备 | 面糊调制前应将烤炉预热 | 10 |
| | | (2)烤盘的摆放 | 烤盘尽可能放在烤炉中心部位，烤盘各边不应与烤炉壁接触 | 5 |
| | | (3)烤炉温度和时间控制 | 在烘烤过程中，要根据模具大小和糕点含糖量等不同控制烘烤温度和时间，同时要结合每个烤炉的偏火程度及时调整 | 10 |
| | | (4)蛋糕成熟检验 | 检测时可用手指轻轻按蛋糕表面，如黏手，说明未烤熟；不黏手，色泽呈金黄色，有香味喷出即可出炉 | 10 |
| 5 | 冷却 | | 油蛋糕烤熟后，应留置在烤箱内10min左右，热度散去后再取出，制作好的蛋糕最好放冰箱存放 | 5 |
| 6 | 成品 | | 制作好的蛋糕可根据需要存放 | 5 |

### 2. 考核要点及参考评分

蛋糕的品质评定包括体积、表皮颜色、外表式样、焙烤均匀程度、表皮质地、颗粒、内部颜色、香味、味道、组织结构等几个部分。一个标准的蛋糕很难达到95分以上，但最低不可低于85分。现将内外两部分各评分细则说明如下，其各部分评分细则及要求都详细列出，蛋糕考核要点及参考评分如表4-9所示，总分100分。

表4-9  蛋糕考核要点及参考评分

| 项 目 | | 要 求 | 满分100 |
|---|---|---|---|
| 蛋糕外部评分 | (1)体积 | 烤熟的蛋糕必须要膨胀至一定的程度。膨胀过大，会影响到内部组织，使蛋糕多孔而过分松软；如膨胀不够，会使组织紧密，颗粒粗糙 | 10 |
| | (2)表皮颜色 | 蛋糕表皮颜色是由于适当的烤炉温度和配方内糖的使用而产生的，正常的表皮颜色应是棕黄色或金黄色 | 10 |
| | (3)外表形状 | 蛋糕成品形态要规范，外形完整，厚薄一致，无塌陷和隆起，不歪斜 | 10 |
| | (4)焙烤均匀程度 | 蛋糕应具有金黄的颜色，顶部稍深而四周及底部稍浅。如果出炉后的蛋糕上部黑而四周及底部呈白色，则这块蛋糕一定没有烤熟；相反，如果底部颜色太深而顶部颜色浅，则表示烘焙时所用的底火温度太高，这类蛋糕多数不会膨胀得很大，而且表皮很厚，韧性太强 | 10 |
| | (5)表皮质地 | 良好的蛋糕表皮应该薄而柔软 | 10 |
| 蛋糕内部评分 | (1)颗粒 | 蛋糕的颗粒是指断面组织的粗糙程度，焙烤后外观近似颗粒的形状。烤好后蛋糕内部的颗粒也较细小，富有弹性和柔软性 | 20 |
| | (2)内部组织 | 组织细密、蜂窝均匀、无大气孔、无生粉、无糖粒、无疙瘩等，无生心，富有弹性，膨松柔软 | 10 |
| | (3)口感 | 入口酥松甜香，松软可口，有醇正蛋香味，无异味 | 10 |
| | (4)卫生 | 成品内外无杂质，无污染，无病菌 | 10 |

## 【注意事项】

1. 鸡蛋一定要新鲜，选取新鲜的鸡蛋制得的蛋糊黏性好，持气性强，制品膨松。

2. 面粉与蛋液、白砂糖的比例要适当。

3. 面粉和淀粉一定要过筛(60目以上)轻轻疏松一下，否则块状粉团进入蛋糊中，面粉淀粉分散不均匀，将导致成品蛋糕中有硬心。

4. 所有用具必须清洁，不宜染有油脂，也不宜用含铅质用具；否则，油脂的消泡作用会影响制品的膨松度；同时也要防止有盐、碱等破坏蛋白胶体稳定性的杂质掺入。

5. 搅拌时要边搅边拌，动作要轻，拌匀即成，不宜加水或过度搅拌，否则易生成面筋。

6. 搅拌要适当。蛋糊打得不充分，则充入气体不足，蛋糕胀发不够，松软度差；蛋糊打过度，则会破坏胶体，筋力被破坏，持泡能力下降，蛋糊下塌，焙烤蛋糕表面凹陷。

7. 加入小麦粉时要慢速搅拌，时间不能过长，否则起面筋，易造成制品干硬现象发生。

8. 烤箱一定要事先预热好。烤箱温度不宜过高或过低。

9. 调好的蛋糊要及时入模烘烤，并且在操作中避免振动。防止蛋糊"跑气"现象出现。

## 【思考与讨论】

1. 出现蛋糕面糊搅打不起的原因及解决办法是什么？
2. 蛋糕在烘烤的过程中出现下陷和底部结块现象的原因及解决办法有哪些？
3. 蛋糕表面出现斑点原因及解决办法有哪些？
4. 蛋糕内部组织粗糙、质地不均匀的原因及解决办法有哪些？

# 实验三十六　馒头的理化指标测定及馒头的微生物检测

## 实验目的
掌握馒头比容、pH 值、水分、总砷、铅含量不同理化指标的检测方法与原理。

## Ⅰ　馒头比容的测定

### 一、实验仪器与材料
**1. 实验仪器**
天平(感量 0.01g)，体积测量仪。
**2. 实验材料**
小麦粉馒头。

### 二、实验方法与步骤
**1. 称量**
蒸制好的馒头冷却 1h 后，取一个称量，精确到 0.1g。
**2. 体积测量**
用体积测量仪(菜籽置换法)测量馒头体积，精确到 5mL。

### 三、实验现象与结果
馒头比容按式(4-3)进行计算：

$$\lambda = \frac{V}{m} \tag{4-3}$$

式中：$\lambda$ ——馒头比容，mL/g；
　　　$V$ ——馒头体积，mL；
　　　$m$ ——馒头质量，g。
计算结果保留小数点后 1 位数字。

## 【注意事项】
在重复性条件下获得的两次独立测定结果的绝对差值不应超过 0.1mL/g。

# Ⅱ 馒头 pH 值的测定

## 一、实验仪器与材料

### 1. 实验仪器

pH 计，天平(感量 0.01g)，高速组织捣碎机。

### 2. 实验材料

小麦粉馒头。

## 二、实验方法与步骤

### 1. 试样制备

将待测馒头样品切碎，置于高速组织捣碎杯中，粉碎 3min，置于磨口瓶中备用。称取上述粉碎后的试样 50.0g 置于高速组织捣碎机的捣碎杯中，加入 150mL 经煮沸后冷却的蒸馏水，再捣碎至均匀的糊状。

### 2. pH 计的校正

以下提到的试剂均为分析纯试剂。

称取 3.402g 磷酸二氢钾和 3.549g 磷酸氢二钠，用煮沸后冷却的蒸馏水溶解后定容至 1 000mL。此溶液的 pH 值为 6.92(20℃)。

称取 10.12g 烘干后的邻苯二甲酸氢钾，用煮沸后冷却的蒸馏水溶解后定容至 1 000mL。此溶液的 pH 值为 4.00(20℃)。

采用两点标定法校正 pH 计。如果 pH 计无温度校正系统，缓冲溶液的温度应保持在 20℃以下。

### 3. 试样的测定

将 pH 复合电极插入足够浸没电极的校正液中，并将 pH 计的温度校正器调节到 20℃。待读数稳定后，读取 pH 值。同一个制备试样至少要进行两次测定。

## 三、实验现象与结果

取两次测定结果的算术平均值作为测定结果，精确到 0.01。

## 【注意事项】

在重复性条件下获得的两次独立测定结果的绝对差值不应超过平均值的 2%。

# Ⅲ 馒头水分的测定

## 一、实验原理

利用食品中水分的物理性质，在 101.3kPa(一个大气压)、温度 101~105℃下采用挥发方法测定样品中干燥减失的质量，包括吸湿水、部分结晶水和该条件下能挥发的物质，再通过干燥前后的称量数值计算出水分的含量。

## 二、实验仪器、试剂与材料

### 1. 实验仪器

高速组织捣碎机，电热恒温干燥箱，天平(感量0.01g)，扁形铝制或玻璃制称量瓶(内径60~70mm，高35mm以上)，干燥器(内附有效干燥剂)。

### 2. 实验试剂

(1)盐酸　优级纯。

(2)氢氧化钠　优级纯。

(3)6mol/L盐酸溶液　量取50mL盐酸，加水稀释至100mL。

(4)6mol/L氢氧化钠溶液　称取24g氢氧化钠，加入水溶解并稀释至100mL。

(5)海砂　取用水洗去泥土的海砂或河砂，先用6mol/L盐酸溶液煮沸30min，用水洗至中性，再用6mol/L氢氧化钠溶液煮沸30min，用水洗至中性，经105℃干燥备用。

### 3. 实验材料

小麦粉馒头。

## 三、实验方法与步骤

### 1. 试样制备

将待测馒头样品切碎，置于高速组织捣碎机的捣碎杯中，粉碎3min，置于磨口瓶中备用。

### 2. 测定方法

准确称取2.00~5.00g试样置于称量瓶中，放入60~80℃的干燥箱中干燥2h，瓶盖斜支于瓶边，加热1.0h，取出盖好，置干燥器内冷却30min，称量，并重复干燥至前后两次质量差不超过2mg，即为恒重。将混合均匀的试样迅速磨细至颗粒小于2mm，不易研磨的样品应尽可能切碎，称取2~10g试样(精确至0.0001g)，放入此称量瓶中，试样厚度不超过5mm，如为疏松试样，厚度不超过10mm，加盖，精密称量后，置60~80℃干燥箱中，瓶盖斜支于瓶边，干燥2~4h后，盖好取出，放入干燥器内冷却30min后称量。然后再放入60~80℃干燥箱中干燥1h左右，取出，放入干燥器内冷却30min后再称量。并重复以上操作至前后两次质量差不超过2mg，即为恒重。

注：两次恒重值在最后计算中，取最后一次的称量值。

## 四、实验现象与结果

样品水分含量按式(4-4)进行计算：

$$X = \frac{m_1 - m_2}{m_1 - m_3} \times 100 \tag{4-4}$$

式中： $X$ ——样品中的水分含量,%；

  $m_1$ ——称量瓶和样品的质量，g；

  $m_2$ ——称量瓶和样品经过两次干燥后的质量，g；

  $m_3$ ——称量瓶的质量，g。

计算结果保留小数点后 1 位数字。

## 【注意事项】

在重复性条件下获得的两次独立测定结果的绝对差值不得超过算术平均值的 5%。

# Ⅳ 馒头中总砷含量测定——氢化物原子荧光光度法

## 一、实验原理

食品试样经湿消解或干灰化后，加入硫脲使五价砷预还原为三价砷，再加入硼氢化钠或硼氢化钾使还原生成砷化氢，由氩气载入石英原子化器中分解为原子态砷，在特制砷空心阴极灯的发射光激发下产生原子荧光，其荧光强度在固定条件下与被测液中的砷浓度成正比，与标准系列比较定量。

## 二、实验仪器、试剂与材料

### 1. 实验仪器

原子荧光光度计，坩埚（50～100mL），天平（感量 0.01g），量筒（100mL、1 000mL），容量瓶（25mL、1 000mL），三角瓶（50～100mL），电热板，电炉，高温炉。

### 2. 实验试剂

（1）2g/L 氢氧化钠溶液。

（2）10g/L 硼氢化钠（$NaBH_4$）溶液　称取硼氢化钠 10.0g，溶于 2g/L 氢氧化钠溶液 1 000mL 中，混匀。此液于冰箱可保存 10d，取出后应当日使用（也可称取 14g 硼氢化钾代替 10g 硼氧化钠）。

（3）50g/L 硫脲溶液。

（4）硫酸溶液（1+9）　量取硫酸 100mL，小心倒入 900mL 水中，混匀。

（5）100g/L 氢氧化钠溶液　供配制砷标准溶液用，少量即够。

（6）砷标准溶液

①砷标准储备液：含砷 0.1mg/mL。精确称取于 100℃ 干燥 2h 以上的三氧化二砷（$As_2O_3$）0.1320g 加 100g/L 氢氧化钠 10mL 溶解，用适量水转入 1 000mL 容量瓶中，加（1+9）硫酸 25mL，用水定容至刻度。

②砷标准使用液：含砷 1μg/mL。吸取 1.00mL 砷标准储备液于 100mL 容量瓶中，用水稀释至刻度。此液应当日配制使用。

（7）湿消解试剂　硝酸、硫酸、高氯酸。

（8）干灰化试剂　150g/L 六水硝酸镁、氯化镁、盐酸（1＋1）。

### 3. 实验材料

小麦粉馒头。

## 三、实验方法与步骤

### 1. 试样消解

（1）湿消解　称取小麦粉馒头 1.0～2.5g，置入 50～100mL 三角瓶中，同时做两份试剂空白。加硝酸 20～40mL，硫酸 1.25mL，摇匀后放置过夜，置于电热板上加热消解。若消解液处理至 10mL 左右时仍有未分解物质或色泽变深，取下放冷，补加硝酸 5～10mL，再消解至 10mL 左右观察，如此反复 2～3 次，注意避免炭化。如仍不能消解完全，则加入高氯酸 1～2mL，继续加热至消解完全后，再持续蒸发至高氯酸的白烟散尽，硫酸的白烟开始冒出。冷却，加水 25mL，再蒸发至冒硫酸白烟。冷却，用水将内容物转入 25mL 容量瓶或比色管中，加入 50g/L 硫脲 2.5mL，补水至刻度并混匀，备测。

（2）干灰化　称取小麦粉馒头 1.0～2.5g（精确至小数点后第二位）于 50～100mL 坩埚中，同时做两份试剂空白。加 150g/L 硝酸镁 10mL 混匀，低热蒸干，将氧化镁 1g 仔细覆盖在干渣上，于电炉上炭化至无黑烟，移入 550℃ 高温炉灰化 4h。取出放冷，小心加入（1＋1）盐酸 10mL 以中和氧化镁并溶解灰分，转入 25mL 容量瓶或比色管中，向容量瓶或比色管中加入 50g/L 硫脲 2.5mL，另用（1＋9）硫酸分次涮洗坩埚后转出合并，直至 25mL 刻度，混匀备测。

### 2. 标准系列制备

取 25mL 容量瓶或比色管 6 支，依次准确加入 1μg/mL 砷标准使用液 0、0.05、0.2、0.5、2.0、5.0mL（各相当于砷浓度 0.0、8.0、20.0、80.0、200.0ng/mL）各加（1＋9）硫酸 12.5mL、50g/L 硫脲 2.5mL，补加水至刻度，混匀备测。

### 3. 测定

（1）仪器参考条件　光电倍增管电压：400V；砷空心阴极灯电流：35mA；原子化器：温度 820～850℃，高度 7mm；氩气流速：载气 600mL/min；测量方式：荧光强度或浓度直读；读数方式：蜂面积；读数延迟时间：1s；读数时间：15s；硼氢化钠溶液加入时间：5s；标液或样液加入体积：2mL。

（2）浓度方式测量　如直接测荧光强度，则在开机并设定好仪器条件后，预热稳定约 20min。按"B"键进入空白值测量状态，连续用标准系列的"0"管进样，待读数稳定后，按空档键记录下空白值（即让仪器自动扣底）即可开始测量。先依次测标准系列（可不再测"0"管）。标准系列测完后应仔细清洗进样器（或更换一支），并再用"0"管测试使读数基本回零后，才能测试剂空白和试样，每测不同的试样前都应清洗进样器，记录（或打印）下测量数据。

（3）仪器自动方式　利用仪器提供的软件功能可进行浓度直读测定，为此，在开机、设定条件和预热后，还需输入必要的参数，即：试样量（g 或 mL）；稀释体积（mL）；进样体积（mL）；结果的浓度单位；标准系列各点的重复测量次数；标准系列的点数（不计零点）及各点的浓度值。首先进入空白值测量状态，连续用标准系列的"0"管进样，以获得稳定的空白值并执行自动扣底，再依次测标准系列（此时"0"管需再测一次）测样液前，需再进入空白值测量状态，先用标准系列"0"管测试使读数复原并稳定后，再用两个试剂空白各进一次样，让仪器取其均值作为扣底的空白值，随后即可依次测试样。测定完毕后退回主菜单，选择"打印报告"即可将测定结果打出。

### 四、实验现象与结果

如果采用荧光强度测量方式，则需先对标准系列的结果进行回归运算（由于测量时"0"管强制为 0，故零点值应该输入以占据一个点位），然后根据回归方程求出试剂空白液和试样被测液的砷浓度，再按式（4-5）计算试样的砷含量：

$$X = \frac{C_1 - C_0}{m} \times \frac{25}{1\,000} \qquad (4-5)$$

式中：$X$ ——试样的砷含量，mg/kg 或 mg/L；

$C_1$ ——试样被测液的浓度，ng/mL；

$C_0$ ——试剂空白液的浓度，ng/mL；

$m$ ——试样的质量或体积，g 或 mL。

### 【注意事项】

1. 消湿解法在重复性条件下获得的两次独立测定结果的绝对差值不得超过算术平均值的 10%；干灰化法在重复性条件下获得的两次独立测定结果的绝对差值不得超过算术平均值的 15%。

2. 湿消解法测定的回收率为 90%～105%；干灰化法测定的回收率为 85%～100%。

## V 馒头中铅的测定——火焰原子吸收光谱法

### 一、实验原理

试样经处理后，铅离子在一定 pH 值条件下与二乙基二硫代氨基甲酸钠（DDTC）形成络合物，经 4-甲基-2-戊酮萃取分离，导入原子吸收光谱仪中，火焰原子化后，吸收 283.3nm 共振线，其吸收量与铅含量成正比，与标准系列比较定量。

### 二、实验仪器、试剂与材料

#### 1. 实验仪器

原子吸收光谱仪火焰原子化器，马弗炉，天平（感量为 0.01g），干燥恒温箱，瓷坩坩埚，压力消解器、压力消解罐或压力溶弹，可调式电热板、可调式电炉。

**2. 实验试剂**

(1)混合酸　硝酸-高氯酸(9+1)。

(2)300g/L 硫酸铵溶液　称取 30g 硫酸铵[(NH₄)₂SO₄]，用水溶解并稀释至 100mL。

(3)250g/L 柠檬酸铵溶液　称取 25g 柠檬酸铵，用水溶解并稀释至 100mL。

(4)1g/L 溴百里酚蓝水溶液。

(5)50g/L 二乙基二硫代氨基甲酸钠(DDTC)溶液　称取 5g 二乙基二硫代氨基甲酸钠，用水溶解并加水至 100mL。

(6)氨水(1+1)。

(7)4-甲基-2-戊酮(MIBK)。

(8)1.0mg/mL 铅标准储备液。

(9)1.0μg/mL 铅标准使用液　精确吸取铅标准储备液，逐级稀释至 1.0μg/mL，配制铅标准使用液为 10μg/mL。

(10)盐酸(1+11)　取 10mL 盐酸加入 110mL 水中，混匀。

(11)磷酸溶液(1+10)　取 10mL 磷酸加入 100mL 水中，混匀。

**3. 实验材料**

小麦粉馒头。

## 三、实验方法与步骤

**1. 试样处理**

将待测馒头样品切碎，置于高速组织捣碎机的捣碎杯中，粉碎。称取 5~10g 馒头样品(精确到 0.01g)，置于 50mL 瓷坩埚中，小火炭化，然后移入马弗炉中，500℃ 以下灰化 16h 后，取出坩埚，放冷后再加少量混合酸，小火加热，不使干涸，必要时再加少许混合酸，如此反复处理，直至残渣中无炭粒，待坩埚稍冷，加 10mL 盐酸，溶解残渣并移入 50mL 容量瓶中，再用水反复洗涤坩埚，洗液并入容量瓶中，并稀释至刻度，混匀备用。

取与试样相同量的混合酸和盐酸，按同一操作方法做试剂空白试验。

**2. 萃取分离**

视试样情况，吸取 25.0~50.0mL 上述制备的样液及试剂空白液，分别置于 125mL 分液漏斗中，补加水至 60mL。加 2mL 柠檬酸铵溶液、溴百里酚蓝水溶液 3~5 滴，用氨水调 pH 值至溶液由黄变蓝，加硫酸铵溶液 10.0mL，DDTC 溶液 10mL，摇匀。放置 5min 左右，加入 10.0mL MIBK，剧烈振摇提取 1min，静置分层后，弃去水层，将 MIBK 层放入 10mL 带塞刻度管中，备用。分别吸取铅标准使用液 0.00、0.25、0.50、1.00、1.50、2.00mL(相当 0.0、2.5、5.0、10.0、15.0、20.0μg 铅)于 125mL 分液漏斗中。与试样相同方法萃取。

**3. 测定**

仪器参考条件：空心阴极灯电流 8mA；共振线 283.3nm；狭缝 0.4nm；空气流量 8L/min；燃烧器高度 6mm。

## 四、实验现象与结果

试样中铅含量按式(4-6)进行计算：

$$X = \frac{(C_1 - C_0) \times V_1 \times 1\,000}{m \times \frac{V_3}{V_2} \times 1\,000}$$
(4-6)

式中：$X$——试样的铅含量，mg/kg 或 mg/L；

$C_1$——测定用试样中铅的含量，μg/mL；

$C_0$——试剂空白液中铅的含量，μg/mL；

$m$——试样的质量或体积，g 或 mL；

$V_1$——试样萃取液体积，mL；

$V_2$——试样处理液的总体积，mL；

$V_3$——测定用试样处理液的总体积，mL。

以重复性条件下获得的两次独立测定结果的算术平均值表示，结果保留 2 位有效数字。

## 【注意事项】

在重复性条件下获得的两次独立测定结果的绝对差值不得超过算术平均值的20%。

## 【思考与讨论】

1. 小麦粉馒头除了比容、pH 值、水分、总砷、铅含量物理指标的测定，还有哪些其他的物理指标的测定？

2. 小麦馒头总砷含量除采用氢化物原子荧光光度法，还有哪些方法？

3. 小麦馒头铅含量除采用火焰原子吸收光谱法，还可以采用哪些方法测定？

# 第五章 植物蛋白提取、加工与利用实验

## 实验三十七 大豆蛋白质的提取

### 一、实验目的

1. 了解大豆蛋白质的分类。
2. 掌握大豆蛋白的提取原理和方法。

### 二、实验原理

水抽提法提取原理：大豆粉加水提取，并用有机溶剂沉淀，可制得蛋白质干粉。

碱溶酸沉法原理：利用大豆蛋白质的溶解特性，采用弱碱性水溶液浸泡低温脱脂豆粕或者大豆粉，将可溶性蛋白质及低分子糖类萃取出来，再用离心机分离出不溶性纤维及固体残渣。接着用一定量的盐酸水溶液加入已溶解出的蛋白液中，调节其 pH 值到大豆蛋白的等电点(pH = 4.2 ~ 4.6)，使大部分蛋白质沉析下来，然后用离心机把沉析的蛋白质凝胶分离出来。最后将分离出的蛋白质凝胶破碎，加入稀碱液中和，在高温下快速灭菌，真空浓缩并高压均质后进行喷雾干燥，得到粉状大豆分离蛋白产品。

### 三、实验仪器、试剂与材料

**1. 实验仪器**

喷雾干燥机，电动搅拌器，离心机，烧杯，滴管，pH 试纸等。

**2. 实验试剂**

(1)10% 氯化钠溶液。

(2)0.2% 氢氧化钠溶液。

(3)75% 乙醇。

(4)6mol/L 盐酸溶液。

(5)1mol/L 盐酸溶液。

(6)1mol/L 氢氧化钠溶液。

**3. 实验材料**

大豆粉，低变性脱脂豆粕。

## 四、实验方法与步骤

### （一）水抽提法

（1）将大豆粉 5g 用 40mL 左右的蒸馏水少量多次地添加搅拌，常温下搅拌抽提 15min，3 800r/min 离心 15min，取上清液，如上清液不清澈再经过滤。

（2）上清液加入等体积在冰箱中预冷的丙酮，用滴管少量多次慢慢滴加（搅拌）6mol/L 和 1mol/L 盐酸溶液，调 pH4.5~5.0，3 800r/min 离心 15min，收集沉淀物，反复用丙酮搅拌洗涤离心 2 次，得到粉末状蛋白质干粉，称重，计算粗产率。

### （二）碱溶酸沉法

#### 1. 工艺流程

低变性脱脂豆粕→碱液萃取→离心分离→蛋白上清液→酸处理沉析→离心分离→水洗→加 NaOH 溶液溶解沉淀→喷雾干燥→成品

#### 2. 操作要点

（1）将脱脂豆粕与蒸馏水以 1:(9~10) 的比例混合，用氢氧化钠调整混合物的 pH 值为 (7.6±0.1)，在 45~50℃充分搅拌浸提 30~45min。

（2）离心分离，留上清液备用。

（3）用稀盐酸调整上清液的 pH 值为 4.2~4.6，沉淀出蛋白质，然后离心分离，沉淀重新溶于 pH(7.6±0.1) 的氢氧化钠溶液中，喷雾干燥进风 140℃，排风温度 70~80℃，收集产品即得大豆分离蛋白，称重，计算粗产率。

## 五、实验现象与结果

蛋白质粗产率的计算：称出提出蛋白质的质量，已知材料质量，可以求出蛋白质产率。

$$蛋白质产率 = \frac{蛋白质产物质量}{材料总质量} \times 100\%。$$

【注意事项】

1. 萃取液的 pH 值不宜太高，当 pH 值大于 9 时，易引起蛋白质的极端变性，产生有毒的赖丙氨酸。

2. 温度的高低对大豆蛋白的溶解度有较大的影响。温度升高有助于提高蛋白质的提取率，但温度高于 55℃时蛋白质开始发生热变性，影响产品的功能性，因此萃取温度应控制在 40~50℃。

3. 开始进料时要低速搅拌，转速控制在 30~40r/min，以防止原料微粒化；当投料完毕后，加酸速度宜慢不宜快，同时搅拌速度加快，转速为 60~70r/min；当全部溶液达到等电点时，应停止搅拌，使蛋白颗粒沉淀下来。

**【思考与讨论】**

1. 提取过程中，为何要调 pH 值为 4.5~5.0？
2. 大豆中哪类蛋白质含量最多？
3. 大豆蛋白质的提取方法还有哪些？

# 实验三十八　大豆蛋白质含量的测定

## 实验目的

1. 掌握比色法测定蛋白质浓度原理及方法。
2. 学习标准曲线绘制和分光光度计使用。

# Ⅰ　凯氏定氮法

## 一、实验原理

用浓硫酸及催化剂将试样蛋白质消解，使有机氮转化为硫酸铵。在碱性条件下铵盐转化为氨，经蒸馏分离后用硼酸溶液吸收。用硫酸或盐酸标准溶液滴定硼酸溶液所吸收的氨，以确定试样总氮量，由总氮量换算蛋白质含量。

## 二、实验仪器、试剂与材料

### 1. 实验仪器

汽水分离管，样品入口，塞子，冷凝管，吸收瓶，隔热液套，反应管，蒸汽发生瓶，导管，凯氏烧瓶。

### 2. 实验试剂

(1) 硫酸铜。

(2) 硫酸钾。

(3) 浓硫酸。

(4) 2%硼酸溶液。

(5) 混合指示液　1份0.1%甲基红乙醇溶液与5份0.1%溴甲酚绿乙醇溶液临用时混合。也可用2份0.1%甲基红乙醇溶液与1份0.1%次甲基蓝乙醇溶液临用时混合。

(6) 40%氢氧化钠溶液。

(7) 0.025mol/L硫酸标准溶液或0.05mol/L盐酸标准溶液。

所有试剂均用不含氨的蒸馏水配置。

### 3. 实验材料

大豆粉。

## 三、实验方法与步骤

### 1. 消化

精密称取相当于含氮 30~40mg 的试样，放入干燥的凯氏烧瓶中，加入 0.2g 硫酸铜、3g 硫酸钾及 20mL 硫酸，摇匀后以 45°角斜支于电加热器上。小火使试样全部炭化，然后加强火力保持消解液微沸，直至消解液里蓝绿色澄清透明后，再继续加热30min，放冷。小心加水稀释，冷却后定容至 100mL。同法做试剂空白试验。

### 2. 蒸馏

装好蒸馏装置，于蒸汽发生瓶中加数滴硫酸，以保持水呈酸性（可用甲基橙指示剂指示），加入数粒玻璃珠以防暴沸，加热产生水蒸气清洗蒸馏装置。准确吸取 10mL 消解液，加入蒸馏装置的反应室，用蒸馏水将消解液全部洗入反应室。将 40% 氢氧化钠溶液加入反应室，立即密封反应室，放开蒸汽开始蒸馏，同时用已准备好的 2% 硼酸溶液（加混合指示剂 2 滴）吸收蒸馏出的氨。蒸馏 5min 后，反应室内溶液应呈棕褐色，否则氨蒸馏不完全。

### 3. 滴定

用 0.05mol/L 盐酸标准溶液滴定硼酸吸收液，亚甲蓝和甲基红混合用指示剂，出现灰色或蓝紫色为终点，记录消耗盐酸标准溶液的体积(mL)。

根据蛋白质换算系数计算结果。

## 四、实验现象与结果

蛋白质含量按式(5-1)计算：

$$X = \frac{(V_1 - V_2) \times N \times 0.014}{m \times (10/100)} \times F \times 100\% \tag{5-1}$$

式中：$X$——样品中蛋白质的百分含量；

$V_1$——样品消耗硫酸或盐酸标准液的体积，mL；

$V_2$——试剂空白消耗硫酸或盐酸标准溶液的体积，mL；

$N$——硫酸或盐酸标准溶液的浓度；

0.014——1mol/L 硫酸或盐酸标准溶液 1mL 相当于氮克数；

$M$——样品的质量(体积)，g(mL)；

$F$——氮换算为蛋白质的系数。蛋白质中的氮含量一般为 15%~17.6%，按 16%计算，乘以 6.25 即为蛋白质，乳制品为 6.38，面粉为 5.70，玉米、高粱为 6.24，花生为 5.46，米为 5.95，大豆及其制品为 5.71，肉与肉制品为 6.25，大麦、小米、燕麦、裸麦为 5.83，芝麻、向日葵为 5.30。

## 【注意事项】

1. 样品应是均匀的。固体样品应预先研细混匀，液体样品应振摇或搅拌均匀。

2. 样品放入定氮瓶内时，不要黏附颈上。万一黏附可用少量水冲下，以免被检样消化不完全，结果偏低。

3. 消化时如不容易呈透明溶液，可将定氮瓶放冷后，慢慢加入 30% 过氧化氢（$H_2O_2$）2~3mL，促使氧化。

4. 在整个消化过程中，不要用强火。保持和缓的沸腾，使火力集中在凯氏瓶底部，以免附在壁上的蛋白质在无硫酸存在的情况下，使氮有损失。

5. 如硫酸缺少，过多的硫酸钾会引起氨的损失，这样会形成硫酸氢钾，而不与氨作用。因此，当硫酸过多地被消耗或样品中脂肪含量过高时，要增加硫酸的量。

6. 加入硫酸钾的作用为增加溶液的沸点，硫酸铜为催化剂，硫酸铜在蒸馏时做碱性反应的指示剂。

7. 混合指示剂在碱性溶液中呈绿色，在中性溶液中呈灰色，在酸性溶液中呈红色。如果没有溴甲酚绿，可单独使用 0.1% 甲基红乙醇溶液。

8. 氨是否完全蒸馏出来，可用 pH 试纸试馏出液是否为碱性。

9. 吸收液也可以用 0.01mol/L 的酸代表硼酸，过剩的酸液用 0.01mol/L 碱液滴定，计算时，$V_1$ 为试剂空白消耗碱液数，$V_2$ 为样品消耗碱液数，$N$ 为碱液浓度，其余均相同。

10. 以硼酸为氨的吸收液，可省去标定碱液的操作，且硼酸的体积要求并不严格，亦可免去用移液管，操作比较简便。向蒸馏瓶中加入浓碱时，往往出现褐色沉淀物，这是由于分解促进碱与加入的硫酸铜反应，生成氢氧化铜，经加热后又分解生成氧化铜的沉淀。有时铜离子与氨作用，生成深蓝色的结合物 $[Cu(NH_3)_4]^{2+}$。

# Ⅱ 双缩脲反应法

## 一、实验原理

在碱性条件下，双缩脲（$NH_2CONHCONH_2$）与硫酸铜结合生成红紫色络合物，此反应称为双缩脲反应。多肽及蛋白质结构中均含有许多肽键，其结构与双缩脲分子中的亚酰胺键相同，因此，在碱性条件下与铜离子也能呈现出，类似双缩脲的呈色反应，故称为蛋白质双缩脲反应。双缩脲反应法只能测定可溶性蛋白质，1961 年皮克尼（Pinckney）将提取和显色同时进行的双缩脲反应法用于小麦粉等固体试样的蛋白质测定。蛋白质双缩脲反应产物的紫外光比色灵敏度比可见光比色高 5 倍。双缩脲反应法测定蛋白质，虽然灵敏度不很高，但操作简便、快速。

用甘油或酒石酸钾钠做碱性硫酸铜的稳定剂，将碱性硫酸铜溶液与试样一起振荡，使蛋白质溶出并显色，在 550nm 波长处测定吸光度值。以凯氏定氮法测得的蛋白质含量，与双缩脲法测得的吸光度值做标准曲线。

不同种类蛋白质的双缩脲反应显色差别不大，除双缩脲、组氨酸、一亚氨基双缩脲、二亚氨基双缩脲、氨醇、氨基酸酰胺、丙二酰胺等少数化合物以外，非蛋白质、游离氨基酸、二肽等均不显色。所以，双缩脲反应基本上可看做是蛋白质的特有反应。

## 二、实验仪器、试剂与材料

### 1. 实验仪器

玻璃试管(1.5cm×15cm，10只)，刻度移液管(5mL、2mL)，紫外-可见分光光度计，分析天平，振荡机，具塞三角瓶(100mL)，漏斗。

### 2. 实验试剂

(1)双缩脲试剂　取硫酸铜($CuSO_4 \cdot 5H_2O$)1.5g和酒石酸钾钠($NaKC_4H_4O_6 \cdot 4H_2O$)6.0g，溶于500mL蒸馏水中，在搅拌的同时加入300mL10%氢氧化钠溶液，定容至1 000mL，贮于涂石蜡的试剂瓶中。

(2)标准溶液储备液　用标准的结晶牛血清白蛋白(BSA)或标准酪蛋白，配制成10mg/mL的标准蛋白溶液，可用BSA浓度1mg/mL的$A_{280}$为0.66来校正其纯度。如有需要，标准蛋白质还可预先用微量凯氏定氮法测定蛋白氮含量，计算出其纯度，再根据其纯度，称量配制成标准蛋白质溶液。牛血清白蛋白用水或0.9%氯化钠溶液配制，酪蛋白用0.05mol/L氢氧化钠溶液配制。

(3)卵清蛋白液。

(4)甘油稳定剂或酒石酸钾钠稳定剂。

### 3. 实验材料

大豆粉。

## 三、实验方法与步骤

### 1. 碱性硫酸铜试剂配制

在碱性溶液中，由于$Cu^{2+}$容易水解产生氢氧化铜沉淀，碱性硫酸铜溶液中加入一种稳定剂，既能防止铜离子水解，又能释放出一定量的铜离子与蛋白质结合。常用的稳定剂有以下两种。

(1)甘油稳定剂　将10mol/L氢氧化钾10mL和3.0mL甘油加到937mL蒸馏水中。激烈搅拌的同时缓缓加入4%硫酸铜溶液(4g $CuSO_4 \cdot 5H_2O$溶于100mL水中)50mL。

(2)酒石酸钾钠稳定剂　将10mol/L氢氧化钾10mL和25%酒石酸钾钠溶液加20mL到930mL蒸馏水中。激烈搅拌的同时缓缓加入4%硫酸铜溶液40mL。

向稳定剂中加硫酸铜溶液的过程，必须激烈地搅拌。否则可能产生氢氧化铜沉淀。配好的试剂应完全透明，无沉淀物。

### 2. 测定

取适量试样置于离心管中，加少量四氯化碳，混合，然后加入碱性硫酸铜试剂[(1)液或(2)液]。加塞密封，激烈振荡10min后，放置1h。然后振摇均匀。移取一定量的试液离心至上清液完全透明，波长550nm处测定吸光度值。以凯氏定氮法测定蛋白质含量，并用此蛋白质含量与双缩脲反应法测得的吸光度值做标准曲线。在标准曲线上查出蛋白质浓度，从而计算蛋白质含量。

## 四、实验现象与结果

### 1. 绘制标准曲线

取 6 支试管，编号，按表 5－1 加入试剂：

表 5－1 试剂添加量

| 试 剂 | 管 号 | | | | | |
|---|---|---|---|---|---|---|
| | 1 | 2 | 3 | 4 | 5 | 6 |
| 标准蛋白溶液/mL | 0 | 0.2 | 0.4 | 0.6 | 0.8 | 1.0 |
| 蒸馏水/mL | 1 | 0.8 | 0.6 | 0.4 | 0.2 | 0 |
| 双缩脲试剂/mL | 4 | 4 | 4 | 4 | 4 | 4 |
| 蛋白质含量/mg | 0 | 1 | 2 | 3 | 4 | 5 |

振荡 15min，室温静置 30min，波长 540nm 处比色，以蛋白质含量（mg）为横坐标，吸光度值为纵坐标，绘制标准曲线。

### 2. 计算公式（5－2）

$$样品蛋白质（\%） = \frac{从标准曲线上查得的蛋白质含量（mg）}{样品重（g）} \times 100 \times 酪蛋白纯度$$

$$(5－2)$$

【注意事项】

1. 三角瓶一定要干燥，勿使样品黏在瓶壁上。
2. 所用酪蛋白需经凯氏定氮法确定蛋白质的含量。

【思考与讨论】

1. 大豆中蛋白质的测定还有其他什么方法？
2. 大豆浓缩蛋白和分离蛋白有什么不同？
3. 凯氏定氮法的测定误差出现在哪几个方面？
4. 在整个消化过程中，为什么不能用强火？

# 实验三十九　大豆蛋白质的功能性质

## 一、实验目的

1. 了解大豆分离蛋白的主要功能性质。
2. 掌握大豆分离蛋白的功能性质的测定方法。

## 二、实验原理

蛋白质的功能性质一般是指能使蛋白质成为人们所需要的食品特征而具有的物理化学性质，即对食品的加工、贮藏、销售过程中发生作用的那些性质，这些性质对食品的质量及风味起着重要的作用。

蛋白质的功能性质可分为水化性质、表面性质、蛋白质-蛋白质相互作用，主要有吸水性、溶解性、保水性、分散性、黏度和黏着性、乳化性、起泡性、凝胶作用等。蛋白质的功能性质及其变化规律非常复杂，受多种因素的相互影响。

## 三、实验仪器、试剂与材料

### 1. 实验仪器

烧杯，试管，磁力搅拌器，显微镜，水浴锅，冰箱，玻棒，玻管。

### 2. 实验试剂

(1) 1mol/L 盐酸溶液。

(2) 1mol/L 氢氧化钠溶液。

(3) 饱和氯化钠溶液。

(4) 饱和硫酸铵溶液。

(5) 酒石酸。

(6) 硫酸铵。

(7) 氯化钠。

(8) δ-葡萄糖酸内酯。

(9) 氯化钙饱和溶液。

(10) 水溶性红色素。

(11) 明胶。

(12) 植物油。

### 3. 实验材料

(1) 蛋清蛋白。

(2) 2% 蛋清蛋白溶液　取 2g 蛋清加 98g 蒸馏水稀释，过滤取清液。

（3）卵黄蛋白　鸡蛋除蛋清后剩下的蛋黄捣碎。

（4）分离大豆蛋白粉。

## 四、实验方法与步骤

### 1. 蛋白质的水溶性

（1）在 50mL 的小烧杯中加入 0.5mL 蛋清蛋白，加入 5mL 水，摇匀，观察其水溶性，有无沉淀产生。在溶液中逐滴加入饱和氯化钠溶液，摇匀，得到澄清的蛋白质的氯化钠溶液。取上述蛋白质的氯化钠溶液 3mL，加入 3mL 饱和的硫酸铵溶液，观察球蛋白的沉淀析出；再加入粉末硫酸铵至饱和，摇匀，观察蛋清蛋白从溶液中析出，解释蛋清蛋白在水中及氯化钠溶液中的溶解度以及蛋白质沉淀的原因。

（2）在 4 个试管中各加入 0.1~0.2g 大豆分离蛋白粉，分别加入 5mL 水、5mL 饱和氯化钠溶液和 1mol/L 的氢氧化钠溶液 5mL、1mol/L 的盐酸溶液 5mL，摇匀，在温水浴中温热片刻，观察大豆蛋白在不同溶液中的溶解度。在第一、第二支试管中加入饱和硫酸铵溶液 3mL，析出大豆球蛋白沉淀。第三、四支试管中分别用 1mol/L 盐酸及 1mol/L 氢氧化钠溶液中和至 pH 4~4.5，观察沉淀的生成，解释大豆蛋白的溶解性以及 pH 值对大豆蛋白溶解性的影响。

### 2. 蛋白质的乳化性

（1）取 5g 卵黄蛋白加入 250mL 的烧杯中，加入 95mL 水、0.5g 氯化钠，用磁力搅拌器搅匀后，在不断搅拌下滴加植物油 10mL，滴加完后，强烈搅拌 5min 使其分散成均匀的乳状液，静置 10min，待泡沫大部分清除后，取出 10mL，加入少量水溶性红色素染色，不断搅拌直至染色均匀，取 1 滴乳状液在显微镜下仔细观察，被染色部分为水相，未被染色部分为油相，根据显微镜下观察所得到的染料分布，确定该乳状液是属于水包油型还是油包水型。

（2）配置 5% 的大豆分离蛋白溶液 100mL，加入 0.5g 氯化钠，在水浴上温热搅拌均匀，同上方法加 10mL 植物油进行乳化。静置 10min 后，观察其乳状液的稳定性，同样在显微镜下观察乳状液的类型。

### 3. 蛋白质的起泡性

（1）在 3 个 250mL 的烧杯中各加入 2% 的蛋清蛋白溶液 50mL，一份用电动搅拌器连续搅拌 1~2min；一份用玻棒不断搅打 1~2min；一份用玻管不断鼓入空气泡 1~2min，观察泡沫的生成，估计泡沫的多少及泡沫稳定时间的长短。评价不同的搅打方式对蛋白质起泡性的影响。

（2）取 2 个 250mL 的烧杯各加入 2% 的蛋清蛋白溶液 50mL，一份放入冷水或冰箱中冷至 10℃，一份保持常温（30~35℃），同时以相同的方式搅打 1~2min，观察泡沫产生的数量及泡沫稳定性有何不同。

（3）取 3 个 250mL 烧杯各加入 2% 蛋清蛋白溶液 50mL，其中一份加入酒石酸 0.5g，一份加入氯化钠 0.1g，以相同的方式搅拌 1~2min，观察泡沫产生的多少及泡沫稳定性有何不同。

用2%的大豆蛋白溶液进行以上的同样实验，比较蛋清蛋白与大豆蛋白的起泡性。

**4. 蛋白质的凝胶作用**

（1）在试管中取1mL蛋清蛋白，加1mL水和几滴饱和氯化钠溶液至溶解澄清，放入沸水浴中，加热片刻观察凝胶的形成。

（2）在100mL烧杯中加入2g大豆分离蛋白粉、40mL水，在沸水浴中加热并不断搅拌均匀，稍冷，将其分成2份，一份加入5滴饱和氯化钙，另一份加入δ-葡萄糖酸内酯0.1~0.2g，放置温水浴中数分钟，观察凝胶的生成。

（3）在试管中加入0.5g明胶、5mL水，水浴中温热溶解形成黏稠溶液，冷却后，观察凝胶的生成。

## 五、实验现象与结果

**1. 蛋白质的水溶性**

溶液pH值是影响大豆蛋白溶解性的一个外部因素。当pH值在低于4时，随着pH值的增加，蛋白质溶解度降低，直至pH值为4~5的等电点范围内，大豆蛋白基本不溶解。随着溶液pH值的逐渐增加，蛋白质的溶解度再次增加。

**2. 蛋白质的乳化性**

大豆蛋白能帮助油滴在水中形成乳化液，并使之保持稳定的特性。观察到随着蛋白质溶解度的增加，大豆蛋白的乳化能力增加。

**3. 蛋白质的起泡性**

不同的搅打方式、温度、pH值及蛋白质类型影响着蛋白质的起泡性及泡沫稳定性

**4. 蛋白质的凝胶作用**

加热是胶凝的必备条件，但是仅仅用加热的方法是不能形成凝胶的，需要通过调节pH值或离子强度才能进一步形成凝胶，而且这个过程是不可逆的。无机盐种类及葡萄糖酸内酯对大豆分离蛋白的凝胶性都会产生一定的影响。

## 【注意事项】

1. 试管一定要干燥，勿使样品黏在瓶壁上。
2. 蛋清蛋白溶液一定要准确配制。
3. 蛋清蛋白溶液的搅打一定要充分。

## 【思考与讨论】

1. 不同情况下，凝胶形成的原因各是什么？
2. 分离蛋白的制作过程是什么？

# 实验四十 豆奶(豆浆)和豆奶饮料的加工

## 一、实验目的

1. 了解和掌握豆乳饮料的生产原理及工艺流程。
2. 了解和掌握豆乳饮料生产工艺技术要点。

## 二、实验原理

大豆蛋白质分子表面有许多亲水基,如—$NH_2$、—$COOH$ 等,它们能与水形成氢键而发生水化作用,从而在其分子表面形成一层水化膜,使蛋白质不易凝结而沉淀。

蛋白质处于非等电点的环境时,溶液中蛋白质分子颗粒必带同性电荷,因而相互排斥,不易凝结沉淀。

## 三、实验仪器、试剂及材料

### 1. 实验仪器

离心机,磨浆机,均质机,电子秤,天平,筛子(150 目),烧杯,玻棒,温度计,塑料盆或塑料桶。

### 2. 实验试剂

0.5%碳酸氢钠溶液,消泡剂。

### 3. 实验材料

大豆,蔗糖,油脂,卵磷脂,维生素适量。

## 四、实验方法与步骤

### 1. 工艺流程

大豆→挑选去杂→清洗→浸泡→热烫→磨浆→过滤→离心→调制→杀菌→装瓶→均质→真空脱臭→冷却

### 2. 操作要点

(1)去杂 除去霉变、虫害的大豆以及土块、沙粒等杂质;选择色泽光亮、子粒饱满、并在良好条件下贮存 3~9 个月的新大豆为佳。杂质 1%以下,水分含量 12%以下。

(2)清洗、浸泡 先用清水洗 3 次,然后按 1:3 的豆水比浸泡。可采用自来水浸泡一夜;或 0.5%碳酸氢钠浸泡 8~12h。浸泡程度标准:水面上有少量泡沫,豆皮平滑涨紧,将豆粒搓成两瓣后,子叶表面平滑,中心与边缘色泽一致,沿横向剖面易于断开。

(3)热烫 浸泡后大豆经清洗放入 80℃以上水中浸烫 3~5min;或浸泡时用 50~60℃的热水浸泡 1~2h,目的是钝化脂肪氧化酶活性,除去豆腥味和苦涩味。

(4)磨浆、过滤　用沸水磨浆,其中豆:水 = 1:8,豆乳中固形物含量 6.5% ~ 11.5%。通过过滤得到豆浆和豆渣,然后用 150 目分样筛过滤,使浆渣分离。

(5)离心　过滤液用 3 000r/min 离心几分钟,豆渣含水量要求在 80% 以下。

(6)调制　在豆浆中加入一定量的蔗糖并使之溶解。加糖量一般为 6% ~ 8%。为了避免产生褐变现象,可添加甜味温和的多糖类,不宜选择还原糖。

脂类添加量在 1.5% 左右,一般选用不饱和脂肪酸亚油酸和维生素 E 含量高的油脂,并添加一定量卵磷脂做乳化剂,以防止油脂分层。

可适当添加强化剂,用少量水溶解将其添加到豆浆中。强化维生素 C 时,先将环糊精用热水溶解,待其冷却后加入少量维生素 C,然后添加少量稳定剂以调节酸碱度,再进行均质。

(7)均质　均质压力 15 ~ 20MPa,温度控制在 70℃ 左右。先杀菌后均质可使用无菌型均质机。

(8)杀菌　豆乳杀菌主要针对耐热细菌和胰蛋白酶抑制素。因此,可在 120 ~ 140℃ 杀菌 1min 左右。

(9)真空脱臭　去除加热过程中和前处理留下的不愉快味。真空度控制在 26.7 ~ 40kPa 为佳。脱臭时温度控制 75℃ 以下。

(10)冷却、包装、贮藏　冷却到室温下进行包装,常温贮藏或冷藏。

## 五、实验现象与结果

(1)认真详细做好实验记录,严格按技术参数进行操作。

(2)对产品进行感官评定。

## 【注意事项】

1. 浸泡时加入少许碳酸氢钠是为了软化细胞组织,降低磨浆时的能耗与磨损,提高胶体分散度与悬浮性,缩短浸泡时间,提高均质效果。

2. 灭酶是制作豆乳的重要工序,生豆中存在各种酶,如淀粉酶、蛋白酶、过氧化物酶、脂肪氧化酶、磷酸酶等,这些酶在豆乳制造中产生豆腥味、苦味和涩味等,影响豆乳风味。一般通过加热处理大都失去活力。脂肪氧化酶的分解物一旦处理不完全,则会产生豆腥味。

## 【思考与讨论】

1. 去除豆腥味的方法有哪几种?

2. 豆乳加工中如何防止蛋白质沉淀?

# 实验四十一 豆奶粉营养成分重要指标测定

## 实验目的

通过本实验，掌握采用国家标准规定的检测方法，检测某种品牌豆奶粉中的几项重要指标(蛋白质、脂肪、水分)，看其是否达到国家标准。

# I 蛋 白 质 测 定

## 一、实验原理

用浓硫酸及催化剂将试样蛋白质消解，使有机氮转化为硫酸铵。在碱性条件下铵盐转化为氨，经蒸馏分离后用硼酸溶液吸收。用硫酸或盐酸标准溶液滴定硼酸溶液所吸收的氨，以确定试样总氮量，由总氮量换算蛋白质含量。

## 二、实验仪器、试剂与材料

### 1. 实验仪器

汽水分离管，样品入口，塞子，冷凝管，吸收瓶，隔热液套，反应管，蒸汽发生瓶，导管，凯式烧瓶。

### 2. 实验试剂

(1)硫酸铜。

(2)硫酸钾。

(3)浓硫酸。

(4)2%硼酸溶液。

(5)混合指示液　1份0.1%甲基红乙醇溶液与5份0.1%溴甲酚绿乙醇溶液临用时混合。也可用2份0.1%甲基红乙醇溶液与1份0.1%次甲基蓝乙醇溶液临用时混合。

(6)40%氢氧化钠溶液。

(7)0.025mol/L硫酸标准溶液或0.05mol/L盐酸标准溶液。

所有试剂均用不含氨的蒸馏水配置。

### 3. 实验材料

某品牌豆奶粉。

## 三、实验方法与步骤

### 1. 消化

精密称取相当于含氮 30～40mg 的试样，放入干燥的凯氏烧瓶中，加入 0.2g 硫酸铜、3g 硫酸钾及 20mL 硫酸，摇匀后以 45°角斜支于电加热器上。小火使试样全部炭化，然后加强火力保持消解液微沸，直至消解液里蓝绿色澄清透明后，再继续加热 30min，放冷。小心加水稀释，冷却后定容至 100mL。同法做试剂空白试验。

### 2. 蒸馏

装好蒸馏装置，于蒸汽发生瓶中加数滴硫酸，以保持水呈酸性（可用甲基橙指示剂指示），加入数粒玻璃珠以防暴沸，加热产生水蒸气清洗蒸馏装置。准确吸取 10mL 消解液，加入蒸馏装置的反应室，用蒸馏水将消解液全部洗入反应室。将 40% 氢氧化钠溶液加入反应室，立即密封反应室，放开蒸汽开始蒸馏，同时用已准备好的 2% 硼酸溶液（加混合指示剂 2 滴）吸收蒸馏出的氨。蒸馏 5min 后，反应室内溶液应呈棕褐色，否则氨蒸馏不完全。

### 3. 滴定

用 0.05mol/L 盐酸标准溶液滴定硼酸吸收液，亚甲蓝和甲基红混合用指示剂，出现灰色或蓝紫色为终点，记录消耗盐酸标准溶液的体积(mL)。

根据蛋白质换算系数计算结果。

## 四、实验现象与结果

蛋白质含量按式(5-3)计算：

$$X = \frac{(V_1 - V_2) \times N \times 0.014}{m \times (10/100)} \times F \times 100\% \tag{5-3}$$

式中：$X$——样品中蛋白质的百分含量；

$V_1$——样品消耗硫酸或盐酸标准液的体积，mL；

$V_2$——试剂空白消耗硫酸或盐酸标准溶液的体积，mL；

$N$——硫酸或盐酸标准溶液的浓度；

0.014——1mol/L 硫酸或盐酸标准溶液 1mL 相当于氮克数；

$m$——样品的质量(体积)，g(mL)；

$F$——氮换算为蛋白质的系数。蛋白质中的氮含量一般为 15%～17.6%，按 16% 计算，乘以 6.25 即为蛋白质，乳制品为 6.38，面粉为 5.70，玉米、高粱为 6.24，花生为 5.46，米为 5.95，大豆及其制品为 5.71，肉与肉制品为 6.25，大麦、小米、燕麦、裸麦为 5.83，芝麻、向日葵为 5.30。

## II    脂肪测定

### 一、实验原理

试样经酸水解后用乙醚提取，除去溶剂即得总脂肪含量。酸水解法测得的为游离及结合脂肪酸的总量。

### 二、实验仪器、试剂与材料

**1. 实验仪器**

试管（50mL），锥形瓶，量筒（10mL），移液管（10mL），玻璃棒，烧杯。

**2. 实验试剂**

(1)95%乙醇。

(2)乙醚。

(3)石油醚（30~60℃沸程）。

(4)盐酸。

**3. 实验材料**

某品牌奶粉。

### 三、实验方法与步骤

**1. 称样、处理**

称取约2.00g试样置于50mL大试管内，加8mL水，混匀后再加10mL盐酸。

**2. 水浴**

将试管放入70~80℃水浴中，每隔5~10min，用玻璃棒搅拌一次，至试样消化完全为止，约40~50min。

**3. 萃取**

取出试管，加入10mL乙醇，混合冷却后将混合物移入100mL带塞量筒中，用25mL乙醚分次洗试管，一并倒入量筒中，待乙醚全部倒入量筒后，加塞振摇1min，小心开塞，放出气体，再塞好，静置12min，小心开塞，并用石油醚-乙醚等量混合液冲洗塞及筒口附着的脂肪。静置10~20min，待上部液体清晰，吸出上清液于已恒重的锥形瓶内，再加5mL乙醚于具塞量筒内，振摇，静置后，仍将上层乙醚吸出，放入原锥形瓶中。

**4. 烘干**

将锥形瓶置于水浴上蒸干，置100℃烘箱中干燥2h，取出放干燥器内冷却30min后称量，重复以上操作直至恒重。

## 四、实验现象与结果

脂肪含量按式(5-4)计算：

$$X = \frac{m_1 - m_0}{m_2} \times 100 \qquad\qquad (5-4)$$

式中：$X$ ——试样中粗脂肪的含量，% ；

$m_1$ ——接收瓶和粗脂肪的质量，g；

$m_0$ ——接收瓶的质量，g；

$m_2$ ——试样的质量，g。

# Ⅲ  水分测定

## 一、实验原理

试样在常压(103 ±2)℃的恒温干燥箱内加热至恒重。加热前后的质量差即为水分含量。

## 二、实验仪器与材料

### 1. 实验仪器

铝皿，恒温干燥箱。

### 2. 实验材料

某品牌奶粉。

## 三、实验方法与步骤

### 1. 铝皿的烘烤

将洁净的铝皿连同皿盖置于(103 ±2)℃的鼓风电热恒温干燥箱内，加热 1h，加盖取出，置于干燥器内冷却至室温，称量(精确至 0.001g)。

### 2. 称样、干燥、称重

称取约 5g 试样(精确至 0.001g)于已知恒重的铝皿中，置于(103 ±2)℃的鼓风电热恒温干燥箱内，加热 2~4h，加盖取出。在干燥器内冷却 30min，称量。再置于(103 ±2)℃的鼓风电热恒温干燥箱内，加热 1h，加盖取出，冷却 30min，称量。重复操作直至连续两次称量差不超过 0.002g，即为恒重。以最小称量为准。

## 四、实验现象与结果

实验结果按式(5-5)计算：

$$x_1(\%) = \frac{m_1 - m_2}{m} \times 100 \qquad\qquad (5-5)$$

式中：$x_1$ ——食品中水分含量（质量百分比），%；

$m_1$ ——试样和铝皿烘烤前的质量，g；

$m_2$ ——试样和铝皿烘烤后的质量，g；

$m$ ——试样的质量，g。

## 【思考与讨论】

1. 豆奶粉中还有哪些指标需要测定？
2. 若这些测定指标不符合要求，会有什么不良后果？

# 第六章　淀粉生产与转化实验

## 实验四十二　玉米及马铃薯淀粉的提取

### 实验目的
1. 了解和掌握不同植物淀粉的提取方法。
2. 了解和掌握淀粉提取的原理。

## Ⅰ　玉米淀粉的提取

### 一、实验原理

　　谷类、豆类和薯类等都含有大量的淀粉，工业提取淀粉的材料主要是玉米，其次还有马铃薯、木薯等，淀粉工业采用湿磨技术，利用过滤和沉降等原理，逐步除去脂肪、蛋白质、可溶性物质及其他物质，可以提取纯度99%的淀粉产品，湿磨得到的淀粉经干燥脱水后呈白色、粉末状。

　　淀粉是玉米的主要成分，大部分存在于玉米胚乳中，约占子粒质量的71%。实验室生产玉米淀粉主要采用湿磨法，玉米子粒皮层结构紧密，通透性差，浸泡时采用添加二氧化硫法，利用氧化还原性质打开包围在淀粉粒表面的蛋白质网膜，可增加皮层通透性，提高淀粉提取率。

### 二、实验仪器、试剂与材料

**1. 实验仪器**

恒温水浴锅，破碎机，高速破碎机，胶体磨，标准筛(100目、200目)，离心机，鼓风干燥箱，天平，恒温水浴摇床，封口袋，烧杯(1 000mL)。

**2. 实验试剂**

(1)0.25%亚硫酸溶液。

(2)0.2%氢氧化钠溶液。

(3)酚酞试纸。

**3. 实验材料**

玉米。

## 三、实验方法与步骤

### 1. 工艺流程

玉米子粒→清理除杂→亚硫酸水浸泡→粗破碎→胚芽分离→细磨碎→渣滓筛分→淀粉与蛋白分离→淀粉水洗→离心脱水→干燥→保存

### 2. 工艺操作要点

（1）清理除杂　将玉米子粒中的各种杂质去掉。

（2）浸泡　称取 250g 玉米子粒，放入 1 000mL 烧杯中，并加入 750mL 含量为 0.25% 的亚硫酸溶液，在恒温水浴锅中浸泡，温度为 50℃，浸泡时间为 48h。每隔 12h 换 1 次溶液。

（3）粗破碎　将浸泡好的玉米子粒用水清洗 2 次，然后用粉碎机粗破碎成 6~8 瓣，去掉皮和胚。

（4）细磨　将去掉皮和胚的淀粉乳碎块用胶体磨细磨 2 次，得到淀粉乳浆。静置 1.5h 后，去掉上层黄色泡沫状物质。

（5）过筛　乳浆依次过 100 目和 200 目筛子，去除纤维。

（6）再次磨浆并过筛　将过筛后的淀粉悬浊液再细磨 1 次，并过 200 目筛，直至筛上物无淀粉为止。

（7）离心　将粗淀粉乳进行离心，转速 3 000r/min，时间为 6min，去掉表层黄颜色的麸质。

（8）反复洗涤并离心　反复用自来水洗，并多次离心，去掉上层黄色麸质，直到上层无黄色麸质为止，需要反复用自来水洗涤 4~5 次。

（9）碱沉蛋白　将离心后得到的湿玉米淀粉，按照淀粉（干基）与浸泡液比例为 1∶6 加入含量为 0.2% 的氢氧化钠溶液，搅拌成均匀的悬浮液，置于不停振荡的恒温水浴摇床上，水浴温度为 45℃，悬浮蛋白 60min。

（10）洗涤离心　将淀粉乳液在 3 000r/min 转速下离心 6min，去掉上层混浊液。再用自来水反复洗涤并离心，直至用酚酞试纸测试不显示粉红色为止，此时的 pH 值在 6.5~7.0。

（11）脱水干燥　先自然晾干，水分降至 25% 左右，然后置于 40℃ 的鼓风干燥箱中干燥 12h。

（12）封袋保存　将干淀粉装入封口袋中，阴凉通风处保存。

## 四、实验现象与结果

根据式（6-1）计算淀粉的提取率：

$$淀粉提取率 = \frac{淀粉质量}{材料质量} \times 100\% \qquad (6-1)$$

## 【注意事项】

淀粉提取时水浴温度不能超过55℃，否则会因溶解度增大或淀粉糊化而减少产量。

# Ⅱ 马铃薯淀粉的提取

## 一、实验原理

淀粉是马铃薯的重要成分，贮藏在马铃薯的细胞内，由于细胞壁的阻隔，使得淀粉颗粒无法释放出来，本实验原理是通过机械处理，使马铃薯细胞壁破碎，从而释放淀粉颗粒。

## 二、实验仪器与材料

### 1. 实验仪器

刀，破碎机，高速破碎机，胶体磨，标准筛(80目、100目、200目)，离心机，鼓风干燥箱，天平，封口袋。

### 2. 实验材料

马铃薯。

## 三、实验方法与步骤

### 1. 工艺流程

马铃薯→洗涤、去皮→磨碎→细胞液分离→洗涤淀粉→细胞液水分离→淀粉乳的精制→细渣的洗涤→淀粉乳的洗涤→干燥

### 2. 工艺操作要点

(1) 磨碎 将500g马铃薯切成边长为1~1.5cm的正方块，用破碎机磨碎。同时加入少许水刚刚没过磨碎物为宜，阻止细胞液与空气接触，氧化褐变。粗破碎后，用胶体磨细磨一两次，得到部分淀粉及细胞液。

(2) 细胞液分离 细胞液的存在会因氧化作用导致淀粉的颜色发暗，通过离心机将细胞液与淀粉分离，转速3 000r/min，时间为6min。分离出含淀粉的浆料与水按1:(1~2)的比例稀释。

(3) 洗涤淀粉 淀粉乳依次过80目、100目和200目筛子，去除粗渣滓。

(4) 细胞液水分离 立即用离心机将上道工序被冲洗出来的筛下物悬浮液的细胞液水分离出去。

(5) 淀粉乳精制 将离心后的浓缩淀粉乳用水稀释至干物质含量的12%~14%，反复进行筛洗，最后离心，去掉上层混浊液及蛋白。

(6) 脱水干燥 将离心后的淀粉先铺平自然晾干，水分降至25%左右，然后置于

40℃的鼓风干燥箱中干燥12h，至含水14%~15%。

（7）封袋保存　将干淀粉装入封口袋，阴凉通风处保存。

## 四、实验现象与结果

根据式(6-2)计算淀粉的提取率：

$$淀粉提取率 = \frac{淀粉质量}{材料质量} \times 100\% \qquad (6-2)$$

## 【注意事项】

淀粉提取时水浴温度不能超过55℃，否则会因溶解度增大或淀粉糊化而减少产量。

## 【思考与讨论】

1. 玉米淀粉、马铃薯淀粉的提取各有何特点？
2. 提取玉米淀粉、马铃薯淀粉的过程中，除去蛋白质的原理各是什么？

# 实验四十三　淀粉含量测定

## 实验目的
1. 了解和掌握淀粉含量测定的原理和方法。
2. 了解和掌握淀粉的功能性。

# Ⅰ　还原法

## 一、实验原理
试样经脱脂处理，除去可溶性糖后，在淀粉酶的作用下，使淀粉水解为麦芽糖和低分子糊精，再用盐酸进一步水解为葡萄糖，葡萄糖具有还原性，按照还原糖测定法测其还原糖含量，并折算成淀粉含量。

## 二、实验仪器、试剂与材料
### 1. 实验仪器
电子天平，恒温水浴锅，烧杯(250mL)，温度计，容量瓶(100mL、250mL)，漏斗(6cm)。

### 2. 实验试剂
(1)0.5%淀粉酶溶液或麦芽汁　取大麦粒加水湿润浸泡12h，在搪瓷盘内平铺约1cm厚，使其发芽数日，待幼芽长约1cm时，取发芽粒50g，磨碎，加水400mL，在常温下浸渍3h过滤备用(保存时加氯仿或甲苯数滴，防止生霉)。

(2)碘溶液　称取碘化钾3.6g，溶于20mL水中，加碘1.3g，溶解后再加水至100mL。

(3)20%氢氧化钠溶液。

(4)甲基红指示液　0.1%甲基红乙醇溶液。

(5)6mol/L盐酸　取盐酸100mL，加水至200mL。

(6)乙醚。

(7)乙醇。

### 3. 实验材料
面粉或其他风干试样，适合半纤维素、多聚戊糖，果胶质等这类多糖含量高的试样。

### 三、实验方法与步骤

#### 1. 样品处理

称取试样 2~5g，置于放有折叠滤纸的漏斗内，先用乙醚 50mL 分 5 次洗除脂肪，再用 85% 乙醇洗去可溶性糖类，将残留物移入 250mL 烧杯内，用水约 50mL 分数次将滤纸上残渣洗入烧杯中。

#### 2. 酶水解

将烧杯放到沸水浴中加热 15min，使淀粉糊化，放冷至 60℃，加淀粉酶溶液（或麦芽汁）20mL，维持 50~60℃ 水解 1h，经常搅拌。然后取 1 滴加碘液 1 滴，如显蓝色，再加热糊化，并加淀粉酶溶液（或麦芽汁）20mL，水解至碘液不呈蓝色为止。加热至沸腾，冷后移入 250mL 容量瓶中，并加水至刻度，混匀。过滤，弃去初滤液，收集滤液备用。

#### 3. 酸水解

取 50mL 注入 100mL 容量瓶中，加 6mol/L 盐酸溶液 5mL，在 68~70℃ 水浴中加热 15min，冷后加甲基红指示液 2 滴，用 20% 氢氧化钠溶液中和至中性，把溶液移入 100mL 容量瓶中，洗涤锥形瓶，洗液并入 100mL 容量瓶中，加水定容，摇匀，供测定用。

#### 4. 测定

按还原糖测定法的费林试剂法（见第二章实验二）或直接滴定法（见附录 D）进行，同时取 50mL 水及试样处理时相同量的淀粉酶溶液（或麦芽汁），按同一方法做试剂空白试验。

### 四、实验现象与结果

#### 1. 还原糖按费林试剂法测定

淀粉含量按式(6-3)计算：

$$淀粉(\%) = \frac{(A - A_0) \times 0.9}{m \times \frac{V}{500} \times 1\,000} \times 100 \tag{6-3}$$

式中：$A$——测定用试样中还原糖（以葡萄糖计）质量，mg；

$\quad\quad A_0$——测定用空白中还原糖（以葡萄糖计）质量，mg；

$\quad\quad 0.9$——还原糖（以葡萄糖计）换算为淀粉的因数；

$\quad\quad m$——称取试样质量，g；

$\quad\quad V$——测定用试样水解的体积，mL；

$\quad\quad 500$——样品水解液总体积，mL。

双试验结果允许差不超过平均值的 1%，取平均值作为测定结果。测定结果取小数点后 1 位数字。

#### 2. 还原糖按直接滴定法测定

淀粉含量按式(6-4)计算：

$$淀粉(\%) = \frac{F \times 500 \times 0.9}{m \times 1\,000} \times \left(\frac{1}{V} - \frac{1}{V_0}\right) \times 100 \qquad (6-4)$$

式中：$F$ ——10mL 碱性酒石酸相当的葡萄糖量，mg；

$V$ ——滴定时试样水解液消耗量，mL；

$V_0$ ——滴定时空白溶液消耗量，mL；

$m$ ——称取试样质量，g；

0.9——还原糖(以葡萄糖计)换算为淀粉的因数；

500——样品水解液总体积，mL。

双试验结果允许差不超过平均值的1%，取平均值作为测定结果。测定结果取小数点后1位数字。

# Ⅱ 旋光法

## 一、实验原理

酸性氯化钙溶液与磨细的含淀粉样品共煮，可使淀粉轻度水解。同时钙离子与淀粉分子上的羟基络合，这就使得淀粉分子充分地分散到溶液中，成为淀粉溶液。淀粉分子具有不对称碳原子，因而具有旋光性，可以利用旋光仪测定淀粉溶胶的旋光度($\alpha$)，旋光度的大小与淀粉的含量成正比，据此可以求出淀粉含量。溶提淀粉溶胶所用的酸性氯化钙溶液的pH值必须保持在2.30，密度须为1.30，加热时间也要控制在一定范围。因为只有在这些条件下，各种不同来源的淀粉溶液的比旋度[$\alpha$]才都是203°，恒定不变。样品中其他旋光性物质(如糖分)须预先除去。

## 二、实验仪器、试剂与材料

### 1. 实验仪器

旋光仪及附件(图6-1)，离心机，分析天平，粗天平，植物样品粉碎机，三角瓶，分样筛(100目)，布氏漏斗，抽滤瓶及真空泵，离心管，小电炉。

### 2. 实验试剂

(1)乙醚。

(2)乙醇溶液　含有氯化高汞。

(3)醋酸氧化钙溶液。

### 3. 实验材料

面粉或其他风干样品，适用于淀粉含量较高，而可溶性糖类含量很少的各

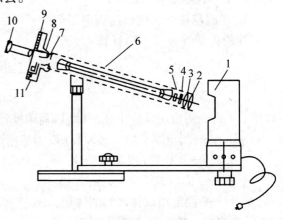

**图6-1　旋光仪示意图**

1. 光源　2. 会聚透镜　3. 滤色片　4. 超偏镜

5. 石英片　6. 测试管　7. 检偏镜　8. 望远镜物镜

9. 刻度盘　10. 望远镜目镜　11. 刻度盘旋转手轮

类样品。

## 三、实验方法与步骤

### 1. 样品准备

（1）称取样品　将样品风干、研磨、通过100目筛，精确称取2.5g样品细粉（要求含淀粉约2g）置于离心管内。

（2）脱脂　加乙醚数毫升到离心管内，液面高度不要超过离心管长度的4/5为宜，用细玻棒充分搅拌，然后离心。倾出上清液并收集以备回收乙醚。重复脱脂数次，以去除大部分油脂、色素等（因油脂的存在会使以后淀粉溶液的过滤困难）。含脂肪较少的谷物样品可免去脱脂程序。

（3）抑制酶活性　加含有氯化高汞的乙醇溶液10mL到离心管内，充分搅拌，然后离心，倾去上清液，得到残余物。

（4）脱糖　加80%乙醇10mL到离心管中，充分搅拌以洗涤残余物（每次都用同一玻棒），离心，倾去上清液。重复洗涤数次以去除可溶性糖分。

### 2. 溶提淀粉

（1）加醋酸-氯化钙　先将醋酸-氯化钙溶液约10mL加到离心管中，搅拌后全部倾入250mL三角瓶内，再用醋酸-氯化钙溶液50mL分数次洗涤离心管，洗涤液并入三角瓶内，搅拌玻棒也转移到三角瓶内。

（2）煮沸溶解　先用蜡笔标记液面高度，直接置于加有石棉网的小电炉上，在4～5min内迅速煮沸，保持沸腾15～17min，立即将三角瓶取下，置流水中冷却。煮沸过程中要不时搅拌，以免烧焦；要调节温度，勿使泡沫涌出瓶外；常用玻璃将瓶侧的细粒擦下；并加水保持液面高度。

（3）沉淀杂质和定容

①加沉淀剂：将三角瓶内的水解液转入100mL容量瓶，用醋酸-氯化钙溶液充分洗涤三角瓶，并入容量瓶内，加30%硫酸锌1mL混合后，再加15%铁氰化钾1mL，用水稀释至接近刻度时，加95%乙醇1滴以破坏泡沫，然后稀释到刻度，充分混合，静置，使蛋白充分沉淀。

②滤清：用布氏漏斗（加一层滤纸）吸气过滤。先倾清溶液约10mL于滤纸上，使其完全湿润，让溶液流干，弃去滤液，再倾清溶液进行过滤，用干燥的容器接收此滤液，收集约50mL，即可供测定之用。

### 3. 测定

用旋光测定管装满滤液，小心地按照旋光仪操作规程进行旋光度的测定。

## 四、实验现象与结果

实验结果按式(6-5)计算：

$$淀粉含量 = \frac{\alpha \times N \times 100}{[\alpha]_D^{20} \times L(W-K)} \times 100\% \qquad (6-5)$$

式中：$\alpha$——用钠光时观测到的旋光度；

$\quad\quad N$——稀释倍数；

$\quad\quad [\alpha]_D^{20}$——淀粉的比旋度，在这种方法条件下为203°；

$\quad\quad L$——旋光管长度，cm；

$\quad\quad W$——样品质量，g；

$\quad\quad K$——样品水分含量，%。

也可以不用式(6-5)计算，改用工作曲线来求得淀粉含量，这样准确度高些。

## 【注意事项】

1. 旋光测试管应轻拿轻放，溶液应装满试管，不能有气泡。

2. 所有镜片，包括测试管两头的护片玻璃都不能用手直接擦拭，应用柔软的绒布或镜头纸擦拭。

3. 只能在同一方向转动度盘手轮时读取始、末示值，决定旋光角，而不能在来回转动度盘手轮时读取示值，以免产生回程误差。

4. 为降低测量误差，测定旋光度 $\alpha$ 时应重复测5次，取平均值。

## Ⅲ  碘量法

### 一、实验原理

淀粉是食品中主要的组成部分，也是植物种子中重要的贮藏性多糖。由于淀粉颗粒可与碘生成深蓝色的络合物，故可根据生成络合物颜色的深浅，用分光光度计测定消光度而计算出淀粉的含量。

### 二、实验仪器、试剂与材料

#### 1. 实验仪器

分光光度计，小台秤，分析天平，烧杯(100mL)，研钵，容量瓶(100mL)，漏斗，滤纸，具塞刻度试管(15mL)，恒温水浴锅，移液管(1mL、2mL)。

#### 2. 实验试剂

(1)碘液  称取20.00g碘化钾，加50mL蒸馏水溶解，再用小台秤迅速称取碘2.0g，置烧杯中，将溶解的碘化钾溶液倒入其中，用玻棒搅拌，直到碘完全溶解，若碘不能完全溶解时，可再加少许固体碘化钾即能溶解，碘液贮存在棕色小滴瓶中待用，用时稀释50倍。

(2)乙醚。

(3)10%乙醇。

#### 3. 实验材料

马铃薯，栗子，山药等。

## 三、实验方法与步骤

### 1. 标准曲线的制作

用分析天平准确称取 1.000g 精制马铃薯淀粉，加入 5.0mL 蒸馏水制成匀浆，逐渐倒入 90mL 左右沸腾的蒸馏水中，边倒边搅拌，即得澄清透明的糊化淀粉溶液，置 100mL 容量瓶中，用少量蒸馏水冲洗烧杯。定容，此淀粉溶液浓度为 10mg/mL（A 液）。吸取 A 液 2.0mL 置 100mL 容量瓶，定容，此时淀粉浓度为 200μg/mL（B 液）。取具塞刻度试管 8 支，按表 6-1 加入淀粉及碘液，再加蒸馏水使每支试管溶液补足到 10mL，摇匀，待蓝色溶液稳定 10min 后，用分光光度计于 660nm 波长处测其消光值。以消光值为纵坐标，已知淀粉溶液的浓度为横坐标绘制标准曲线。

表 6-1  各溶液加入量

| 试管编号 | 1 | 2 | 3 | 4 | 5 | 6 | 7 | 8 |
|---|---|---|---|---|---|---|---|---|
| 标准淀粉溶液/mL | 0 | 0.5 | 1.0 | 1.5 | 2.0 | 2.5 | 3.0 | 4.0 |
| 碘液/mL | 0.2 | 0.2 | 0.2 | 0.2 | 0.2 | 0.2 | 0.2 | 0.2 |
| 蒸馏水/mL | 9.8 | 9.3 | 8.8 | 8.3 | 7.8 | 7.3 | 6.8 | 5.8 |
| 淀粉含量/(μg/mL) | 0 | 100 | 200 | 300 | 400 | 500 | 600 | 800 |

### 2. 样品处理

马铃薯洗净，去皮，用擦子擦成碎丝，迅速称取马铃薯碎丝 300g，置研钵中磨成匀浆。将匀浆转移到漏斗中，用乙醚 50mL 分 5 次洗涤，再用 10% 乙醇洗涤 3 次，以除去样品中的色素，可溶性糖及其他非淀粉物质，然后将滤纸上的残留物转移到 100mL 烧杯中，用蒸馏水分次将滤纸上的残留物全部洗入烧杯，将烧杯置沸水浴中边搅拌边加热，直到淀粉全部糊化成澄清透明。将此糊化淀粉转移到 100mL 容量瓶中，定容，混匀（C 液）。

### 3. 测定

吸取 C 液 2.0mL，置 1L 容量瓶中，用蒸馏水定容，混匀。准确吸取 2mL 样品溶液（吸取量依样品中淀粉浓度而变），置 15mL 具塞刻度试管，加入碘液 0.2mL，直至溶液呈现透明蓝色，用蒸馏水补足到 10mL，混匀，静置 10min，于 660nm 波长处测定消光值。由标准曲线查出样品中淀粉含量（g/100g 鲜重）。

## 四、实验现象与结果

淀粉含量按式（6-6）计算：

$$G(\text{g/100g 鲜重}) = \frac{A}{W \times 10^6} \times 稀释倍数 \times 100 \tag{6-6}$$

式中：$G$——样品淀粉含量，g/100g 鲜重；

　　　$A$——从标准曲线查得的样品淀粉含量，μg/mL；

$W$——样品质量，g。

【注意事项】

1. 若样品含淀粉浓度高时，加碘液后会出现极深的蓝色而无法比色时，就须将溶液重新稀释后再进行测定。

2. 若样品含淀粉量太少时，加碘液后不呈现蓝色，可适当加大样品用量。

## 【思考与讨论】

1. 旋光法测定淀粉的原理是什么？

2. 影响旋光法测定的因素有哪些？

3. 与其他方法相比，旋光法测定淀粉有何优缺点？

# 实验四十四　淀粉糊化、老化性质测定

## 一、实验目的

1. 掌握旋转黏度计的结构及使用方法。
2. 掌握淀粉糊化、老化性质及测定方法。

## 二、实验原理

将淀粉倒入冷水中，因淀粉不溶于冷水，只能混于水中，经搅拌成乳白色的不透明悬浮液即淀粉乳。将淀粉乳加热，淀粉颗粒吸水膨胀，体积可达原体积几十倍至数百倍，高度膨胀的淀粉呈颗粒状，颗粒之间相互接触摩擦，成为半透明黏稠状液体，流动性差，淀粉由乳状转变成糊状的过程，称为淀粉的糊化。

糊化的本质是高能量的热和水破坏了淀粉分子内部彼此间氢键结合，使分子混乱度增大，糊化后的淀粉-水体系表现为黏度增加。在 45.0 ~ 92.5℃ 的温度范围内，淀粉乳随着温度的升高而逐渐糊化，通过旋转式黏度计可得到黏度值，此黏度值即为当时温度下的黏度值。做出黏度值与温度曲线图，即可得到黏度的最高值及当时的温度。各种淀粉开始糊化的温度不同，玉米淀粉为 64 ~ 72℃，马铃薯淀粉为 56 ~ 66℃。

淀粉的老化又称淀粉回生，是淀粉糊化后静置脱水变化的过程，淀粉回生机理见图 6 - 2。糊化淀粉经缓慢冷却后，淀粉从溶解、分散成的无定形游离状态返回至不溶解聚集或结晶状态的现象。老化后的淀粉，即使加水加热也不溶解。这种现象的本质是，降温后由于分子热运动能量不足，体系处于热力学非平衡状态，分子链间借氢键相互吸引与排列，使体系自由焓降低，最终形成分子链间有序排列的结晶状。

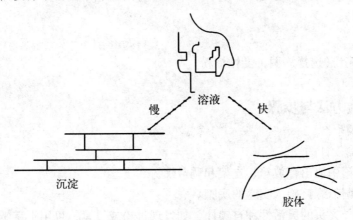

图6 - 2　淀粉回生机理

### 三、实验仪器与材料

#### 1. 实验仪器

（1）旋转黏度计　通过恒速旋转，样品产生的黏滞阻力可通过反作用的扭矩表达出黏度。与仪器相连的还有一支温度计，其刻度值在 0 ~ 100℃，并且有一个加热保温装置，以保持仪器及淀粉乳液的温度在 45.0 ~ 92.5℃变化，且偏差在 ±0.5℃。旋转黏度计外形示意图如图 6 - 3 所示。

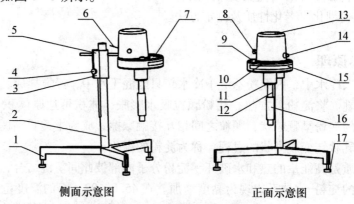

侧面示意图　　　　　　　　正面示意图

**图 6 - 3　旋转黏度计外形示意图**

1. 支座　2. 升降支架　3. 夹头紧松螺钉　4. 升降旋钮　5. 手柄固定螺钉　6. 指针控制杆（橡皮筋）　7. 指针　8. 变速旋钮　9. 水平泡　10. 刻度盘　11. 保护架或包装保护圈（黄色）　12. 轴连接杆　13. 系数表　14. 电源开关　15. 面板　16. 转子　17. 调节螺钉

（2）天平　感量 0.000 1g。

（3）恒温水浴锅。

（4）烧杯。

（5）移液管等。

#### 2. 实验材料

（1）淀粉。

（2）变性淀粉（选择一两种变性淀粉）。

### 四、实验方法与步骤

#### 1. 淀粉的糊化

（1）旋转黏度计的安装

①从包装箱中取出存放箱、支架和调节螺钉 3 支。

②将 3 支调节螺钉旋入支座的底脚。

③检查升降夹头的灵活性和自锁性，如发现过松或过紧，可用十字螺丝刀调整夹头紧松螺钉，使其能上下升降，一般略偏紧为宜，以防装上黏度计后产生自动坠落现象。

④打开存放箱，取出黏度计，将黏度计装入升降夹头上，用手柄固定螺钉拧紧（应

尽可能水平），拿下指针控制杆上的橡皮筋，取下黏度计下端的黄色保护圈，然后取出存放箱中的保护架旋在黏度计上。

⑤用调节螺钉调节水平泡，保持黏度计水平。

（2）测定

①样品处理：分别配制 0.5% 和 10% 的原淀粉和变性淀粉于 4 个烧杯或直筒形容器中，搅拌均匀，并把烧杯或直筒形容器置于 70～80℃ 的水浴锅中加热糊化。

②将保护架装在仪器上（向右旋入装上，向左旋出卸下）。

③将选配好的转子旋入轴连接杆（向左旋入装上，向右旋出卸下）。旋转升降旋钮，使仪器缓慢地下降，将黏度仪转子置于烧杯淀粉糊内，直至转子液面标志和淀粉糊液面在同一水平线上，再精调水平。

④接通电源，按下指针控制杆，开启电机，转动变速旋钮，使其在选配好的转速档上，放松指针控制杆，待指针稳定时可读数，一般需要约 30s。当转速在"6"或"12"挡运转时，指针稳定后可直接读数；当转速在"30"或"60"挡时，待指针稳定后按下指针控制杆，指针转至显示窗内，关闭电源读数。

注：按指针控制杆时，不能用力过猛。可在空转时练习掌握。

⑤当指针所指的数值过高或过低时，可变换转子和转速，使读数在 30～90 格之间为佳。

**2. 淀粉的老化**

把糊化黏度测试后的淀粉糊冷却，形成凝胶或沉淀，观察淀粉老化现象，对比原淀粉与变性淀粉抗老化程度。

## 五、实验现象与结果

（1）观察淀粉糊化和老化现象，并以文字叙述。

（2）以黏度值为纵坐标，温度变化为横坐标，根据所得到的数据做出黏度值与温度变化曲线，即为淀粉的糊化曲线。

## 【注意事项】

量程、系数、转子及转速的选择：

1. 先大约估计被测液体的黏度范围，然后根据量程表选择适当的转子和转速。

如：测定 3 000MPa·s 左右的液体时可选用下列配合：2 号转子——6r/min 或 3 号转子——30r/min。

2. 当估计不出被测液体的大致黏度时，应假定为较高的黏度。

试用由小到大的转子（大小指外形，以下同此）和由慢到快的转速。原则是高黏度的液体选用小的转子和慢的转速；低黏度的液体选用大的转子和快的转速。

3. 系数：测定时，指针在刻度盘上指示的读数必须乘上系数表上的特定系数才为测得的绝对黏度（MPa·s），即：

$$\eta = k \cdot a \qquad\qquad (6-7)$$

式中：$\eta$——绝对黏度；

$\qquad k$——系数；

$\qquad a$——指针所指示读数（偏转角度）。

4. 量程表：量程表如表6-2所示。

MPa·s

表6-2　量程表

| 转子 | 60/(r/min) | 30/(r/min) | 12/(r/min) | 6/(r/min) |
|---|---|---|---|---|
| 0 | 10 | 20 | 50 | 100 |
| 1 | 100 | 200 | 500 | 1 000 |
| 2 | 500 | 1 000 | 2 500 | 5 000 |
| 3 | 2 000 | 4 000 | 10 000 | 20 000 |
| 4 | 10 000 | 20 000 | 50 000 | 100 000 |

5. 系数表：系数表如表6-3所示。

表6-3　系数表

| 转子 | 60/(r/min) | 30/(r/min) | 12/(r/min) | 6/(r/min) |
|---|---|---|---|---|
| 0 | 0.1 | 0.2 | 0.5 | 1 |
| 1 | 1 | 2 | 5 | 10 |
| 2 | 5 | 10 | 25 | 50 |
| 3 | 20 | 40 | 100 | 200 |
| 4 | 100 | 200 | 500 | 1 000 |

**【思考与讨论】**

1. 淀粉糊化与老化的本质区别是什么？

2. 原淀粉和变性淀粉的糊化性质和老化性质有什么不同？

# 实验四十五　淀粉的热力学性质测定

## 一、实验目的

掌握淀粉的热力学性质及测定方法。

## 二、实验原理

差示扫描量热法是在程序升温下，保持待测物质与参照物温度为零，测定由于待测物相变或化学反应等引起的输给它们所需能量差与温度的关系。

普通的热流型差示扫描量热仪用康铜片作为热量传递到样品和从样品传递出热量的通道，并作为测温热电偶结点的一部分。热流型 DSC 加热炉如图 6-4 所示，该仪器的特点是利用导热性能好的康铜盘把热量传输到样品和参比物，使它们受热均匀。样品和参比的热流差通过试样和参比物平台下的热电偶进行测量 4 样品温度由镍铬板下的镍铬-镍铝热电量。这种热流型 DSC 仍属 DTA 测量原理，它可定量地测定热效应，主要是该仪器在等速升温的同时，还可自动改变差热放大器的放大倍数，以补偿仪器常数 $K$ 值随温度升高所减步的峰面积。因此，热流型 DSC 具有基线稳定、灵敏度高的优点。

在 DSC 曲线图中，有 4 个特征参数（图 6-5），$\Delta H$ 表示热焓值，$T_0$ 表示相变（或化学反应）的起始糊化温度，$T_p$ 表示相变（或化学反应）的峰值糊化温度（可能有几个峰值），$T_0$ 表示相变（或化学反应）的终止糊化温度，这些特征参数反映了所测组分的热力学性质。DSC 已经在食品研究中得到广泛的应用。它不仅可以研究淀粉的糊化特性及淀粉糊的回生速度，也可以测定淀粉颗粒晶体结构相转移温度；还用于研究食品成分耐淀粉性质的影响。

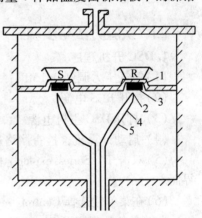

**图 6-4　热流型 DSC 加热炉**
1. 康铜盘　2. 热电偶热点　3. 镍镉板
4. 镍铝丝　5. 镍镉丝

## 三、实验仪器与材料

### 1. 实验仪器

差示扫描量热仪 DSC（TA Q200 型），天平（感量 0.000 1g），冰箱，移液管，玻棒等。

### 2. 实验材料

淀粉材料，如谷物淀粉和薯类淀粉。

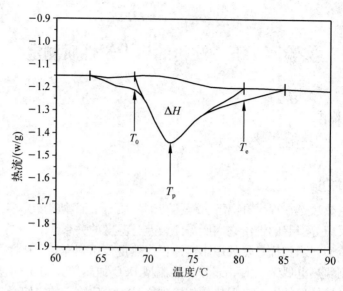

图 6-5 淀粉的热力学曲线

## 四、实验方法与步骤

**1. DSC 开机程序**

(1)氮气压力调到 0.1MPa,打开氮气阀。

(2)打开 RCS 电源。

(3)打开 DSC 主机电源。

(4)启动计算机,检查网络连接是否正常。

(5)双击 TA Series explorer 图标,再双击窗口出现的 DSC 图标,进入测试程序界面。

(6)在菜单栏选择 Control→event - on.

在菜单栏选择 Control→go to standby temp,等待右边窗口中 Flange temperature 法兰温度降至 -70~60℃ 时才能开始测定样品。

**2. DSC 仪器校正**

单击自动校正图标,按提示操作选择"下一步"进行。

(1)$T_0$ 校正

①基线校正 empty cell(样品池和参比池都不放盘)。

选择 T zero calibration, Cell constant and temp. calibration(炉子常数和温度校正)。

②蓝宝石校正。

红色:参比端 100.2mg。

透明:样品端 92.4mg。

(2)铟(indium)校正。Cell constant and temp. calibration;Premelt;其余按"下一步"提示操作进行。

分析：Indium 熔点(156.60 ±0.1)℃。

吸热熔：23.93 ~ 31.9J/g。

**3. 样品处理**

方法一：准确称取一定量的绝干样品，按样品:水 = 1:2 比例加入蒸馏水配成一定含量的淀粉乳，搅拌均匀、密封，在 3~4℃冰箱内静置 24h。搅拌均匀，在天平上准确称取约 10mg 淀粉乳，放入铝盒内，密封，平衡 1h 后，上机测定。

方法二：样品事先用高精度电子天平称重，然后放入铝盘，并加入 2 倍样品质量的蒸馏水，密封、平衡 1h 后，将其放入样品炉，在参比炉内放入空铝盘做参比。

**4. 样品测试**

(1)Procedure summary 选项

Mode：standard

Test：custom

Pan type：Tzero Aluminum

(2)DSC Calibration wizard 选项　Heat flow T(w/g)。

(3)测试　按设定的程序测试完毕时自动停止，待温度降到 35℃后再测定下一个样品。淀粉的热力学曲线如图 6-5 所示。

**5. DSC 关机**

(1)等待右边窗口中 Temperature 降低到 100℃以下后，选择 Control - event - off。

(2)等待 Flange temperature 到达室温后，选择 Control - Shut down instrument(软关机)，待 DSC 触摸屏出现 complete，关闭 DSC 开关。

(3)关闭 RCS 电源。

(4)关氮气。

**【注意事项】**

1. DSC 所记录的曲线，与差热(DTA)曲线有本质的差别，它不是记录温度或其派生量，而是记录为保证试样和参比样品温度恒等时所必须提供的补偿功率 $\Delta W$。因而差示扫描量热曲线是补偿功率($\Delta W$)与时间($t$)的曲线。

2. 差动加热功率起着补偿潜热效应的作用，因此，在 $\Delta W - t$ 曲线上转变峰的面积，原则上直接指示着潜热的大小。作为定量热分析，DSC 比 DTA 更加可靠。

3. 在整个升温过程中，可以始终保持试样恒定的升温速率，即使在试样因相变而吸热或放热时，也可以借助控温系统的补偿，使之维持这一条件。

4. 若中途停止测试，需再单击 Control - go to standby temp。

**【思考与讨论】**

1. 差示扫描量热法测定原理是什么？

2. 改变实验的升温速率，根据得到的曲线计算热熔，看看有什么现象，试解释其原因。

3. 观察淀粉的热力学性质变化，对差热扫描曲线进行讨论，要求理解各分析数据，说明每一步热效应产生的原因并写出实验报告。

# 实验四十六　变性淀粉的制备

## 一、实验目的

掌握羟丙基淀粉、醋酸酯淀粉、酸变性淀粉的反应原理及制备方法。

## 二、实验原理

采用物理、化学以及生物化学方法使淀粉结构、物理性质和化学性质改变，从而制成的具有特定性能和用途的产品，称为变性淀粉；变性淀粉按处理方式分为：物理变性、化学变性、酶变性和复合变性；按生产工艺路线分为干法、湿法、有机溶剂法、挤压法和滚筒干燥法等。羟丙基化和醋酸酯化是食品工业常用的两种化学变性方法。

**1. 羟丙基淀粉的制备原理**

羟丙基淀粉是一种化学变性淀粉，它是在碱性条件下将淀粉与环氧丙烷反应，在淀粉分子中引入羟丙基而生成的一种淀粉醚类化合物。该法原理是亲水性羟丙基在催化剂环氧丙烷引入作用下，可削弱淀粉分子间氢键结合的作用力，增加淀粉对水的亲和力，从而提高淀粉的特性。水分散法是生产羟丙基淀粉最广泛使用的方法。

**2. 醋酸酯淀粉的制备原理**

醋酸酯淀粉又称为乙酰化淀粉或淀粉醋酸酯，是酯纯淀粉中最普通也是最重要的一个品种。它是淀粉与乙酰剂在碱性条件下($pH\ 7\sim11$)反应得到的酯化淀粉，常用的乙酰剂有醋酸酐、醋酸乙烯酯和醋酸等，一般以醋酸酐居多。

因此，一般控制 $pH\ 8\sim10$，以减少副反应的发生。

**3. 酸变性淀粉的制备原理**

在淀粉糊化温度以下，用酸处理的产品称为酸变性淀粉。酸水解分两步进行：第一步是快速水解无定形区域的支链淀粉；第二步是水解结晶区域的直链和支链淀粉，速度较慢。酸变性淀粉的分子变小，聚合度下降，还原性增加，流度增高。

酸处理主要破坏了颗粒内非结晶区，大部分结晶区仍保持原态。但在水中加热时，与未变性淀粉的特性十分不同，它不像原淀粉那样会膨胀许多倍，而是分裂成碎片，所以酸变性淀粉的热糊黏度远低于原淀粉，并且糊化温度提前，酸变性淀粉具有较强的凝胶力和很强的吸水性，其淀粉糊相当透明。酸变性淀粉在热水中溶散，冷却时形成半固体凝胶，稳实、富弹性和韧性，可用于制造软糖、食品黏合剂与稳定剂。

## 三、实验仪器、试剂及材料

**1. 实验仪器**

天平，恒温水浴锅，磁力搅拌器，烘箱，平皿，pH 计，真空抽滤装置，电动搅拌器。

**2. 实验试剂**

(1)30%氢氧化钠溶液。

(2)26%氯化钠溶液。

(3)环氧丙烷。

(4)1mol/L盐酸溶液。

(5)95%乙醇。

(6)32%盐酸溶液。

(7)10%纯碱溶液。

(8)3%氢氧化钠溶液。

(9)醋酸酐。

(10)0.5mol/L盐酸溶液。

**3. 实验材料**

淀粉。

## 四、实验方法与步骤

**1. 羟丙基淀粉的制备**

准确称取100g绝干淀粉,加入250g蒸馏水,调成一定含量的淀粉乳,然后在搅拌条件下将30%氢氧化钠溶液5g和26%氯化钠溶液35g加入到淀粉乳中。待10mL环氧丙烷加入后,将反应容器密封并置于水浴锅内。在磁力搅拌器搅拌下,于18℃反应30min,然后在40℃条件下反应24h。反应完毕,用1mol/L盐酸溶液将反应物中和至pH 5.5,在2 000r/min下离心5min。用蒸馏水洗2次,再用95%乙醇洗1次,离心后放入40℃烘箱内干燥后称重,即得羟丙基淀粉。

**2. 醋酸酯淀粉的制备**

淀粉162g(干基)置于400mL烧杯中,加入220mL水,25℃搅拌得到均匀淀粉乳,保持不断搅拌,滴入3%氢氧化钠溶液调至pH8.0。缓慢加入10.2g醋酸酐,同时加入碱液保持pH 8.0~8.4,加完醋酸酐,用0.5mol/L盐酸溶液调到pH 4.5,过滤,滤饼混于150mL水中,再过滤,重复1次,干燥滤饼,得取代度约0.07的淀粉醋酸酯。

**3. 酸变性淀粉的制备**

称取50g玉米淀粉,置于250mL烧杯中,搅拌下加入60mL水调成淀粉乳,然后置于37℃恒温水浴锅中,加入32%盐酸溶液7mL,酸水解2h,反应结束后,加入10%纯碱溶液,调至pH5.0,以终止淀粉的连续变性,水洗离心数次除去中和产生的盐,在2 000r/min下离心脱水,最后将其放于40℃烘箱内干燥后称重,即得酸变性淀粉。

【思考与讨论】

1. 羟丙基淀粉、醋酸酯淀粉的制备原理分别是什么?

2. 酸变性淀粉制备过程中,为什么温度要控制在糊化温度以下?

3. 酸变性淀粉与原淀粉相比,热糊黏度为什么降低?

# 实验四十七　变性淀粉的取代度测定

## 一、实验目的
了解和掌握羟丙基淀粉和醋酸酯淀粉取代度的测定方法。

## 二、实验原理
羟丙基淀粉在浓硫酸中生成丙二醇，丙二醇再进一步脱水生成丙醛和丙烯醇，这两种脱水产物在浓硫酸介质中可与水合茚三酮生成紫色络合物；因此能用分光光度法在595nm处测其吸光度，含量范围在 5~50μg 之间，符合朗伯-比耳定律。此法是测定丙二醇、淀粉醚中羟丙基的特效方法。

淀粉醋酸酯在强碱性条件下水解为淀粉和醋酸钠，用标准酸滴定水解后剩余的碱，从而计算出淀粉醋酸酯水解所消耗的碱量，根据公式计算出淀粉醋酸酯的取代度。

## 三、实验仪器、试剂及材料
### 1. 实验仪器
分光光度计(721型或其他型号)，天平(感量 0.000 1g)，具塞比色管(25mL)，水浴锅，容量瓶(100mL)，冰箱，电动搅拌器，具塞三角瓶，酸式滴定管(850mL)。
### 2. 实验试剂
(1)1,2-丙二醇。
(2)硫酸。
(3)茚三酮溶液(3%)　称取3g茚三酮于100mL 15%的亚硫酸氢钠溶液中，溶解混匀，此溶液在室温下稳定。
(4)0.5mol/L 氢氧化钠溶液。
(5)0.1mol/L 氢氧化钠溶液。
(6)0.2mol/L 盐酸标准溶液。
(7)1%酚酞指示剂。
### 3. 实验材料
羟丙基淀粉，醋酸酯淀粉。

## 四、实验方法与步骤
### 1. 羟丙基淀粉取代度的测定
(1)标准曲线的绘制　制备 1.00mg/mL 的 1,2-丙二醇标准溶液。分别吸取 1.00、2.00、3.00、4.00、5.00mL 此标准溶液于100mL 容量瓶中，用蒸馏水稀释至刻度，得到每毫升含 1,2 - 丙二醇 10、20、30、40 及 50g 的标准溶液。分别取这 5 种标准溶液 1.00mL 于 25mL 具塞比色管中，置于冷水中，缓慢加入 8mL 浓硫酸，操作中应避免局部过热，以防止脱水重排产物挥发逸出。混合均匀后于 100℃水浴中加热 3min，立即放入冰浴中冷却。小心沿管壁加入 13% 茚三酮溶液 0.6mL，立即摇匀，在 25℃水浴中放置 100min，再用浓硫酸稀释到刻度。倾倒混匀（注意不要振荡），静置 5min，用 1cm 比色皿于 595nm 处，以试剂空白做参比，测定吸光度，做吸光度浓度曲线。

（2）样品分析  分别称取 0.05～0.1g 羟丙基淀粉、原淀粉于 100mL 容量瓶中，加入 0.5mol/L 硫酸 25mL，在 100℃水浴中加热至试样完全溶解。冷至室温，用蒸馏水稀释至刻度。吸取 1.00mL 此溶液于 25mL 具塞比色管中，之后按标准曲线配制方法处理。以试剂做空白参比，在 595nm 处测其吸光度，在标准曲线上查出相应丙二醇的含量，扣除原淀粉空白，乘以换算系数 0.7763，即得羟丙基含量。

**2. 醋酸酯淀粉取代度的测定**

准确称取 5g（干基）试样于 250mL 具塞三角瓶中，加 50mL 蒸馏水，滴加 3 滴酚酞指示剂，用 0.1mol/L 氢氧化钠溶液调至粉红色不消失为终点，以中和其中存在的酸性物质，再加入 0.5mol/L 氢氧化钠溶液 25mL，塞好塞子，在电动搅拌器上搅拌 60min（或在振荡器上激烈振荡 30min）进行皂化反应。用少量蒸馏水冲洗塞子及三角瓶内壁，用 0.2mol/L 盐酸标准溶液滴定过量碱至红色消失。记录消耗盐酸的体积，同时用原淀粉做空白实验。

## 五、实验现象与结果

### 1. 羟丙基淀粉取代度的计算

通过式（6-8）求出摩尔取代度：

$$MS = \frac{2.84 w_H}{100 - w_H} \tag{6-8}$$

式中：$MS$——羟丙基淀粉的摩尔取代度；

$w_H$——羟丙基的含量，%；

2.84——质量分数转化成 $MS$ 的换算系数。

### 2. 醋酸酯淀粉取代度的计算

$$乙酰基含量（W_{AC}）= (V_2 - V_1) \times c \times 0.043 \times 100/M \times 100\% \tag{6-9}$$

式中：$V_2$——空白消耗盐酸的体积，mL；

$V_1$——样品消耗盐酸的体积，mL；

$c$——盐酸标准溶液的浓度，mol/L；

$M$——称样量，g。

淀粉醋酸酯取代度（$DS$）的计算：

$$DS = \frac{162 W_{AC}}{4\,300 - W_{AC}} \tag{6-10}$$

**【思考与讨论】**

1. 影响羟丙基淀粉和醋酸酯淀粉取代度测定的因素各有哪些？
2. 测定变性淀粉取代度有何意义？

# 实验四十八　淀粉糖的制备

## 一、实验目的

掌握液化酶的作用机理、淀粉的酶液化方法以及糖化酶的作用原理、淀粉的酶糖化方法。

## 二、实验原理

糊化后的淀粉在淀粉酶作用下水解到糊精和低聚糖程度，使淀粉糊黏度迅速下降，流动性增高，工业上称此现象为液化或糊精化淀粉酶，又称为液化酶。由于淀粉颗粒的结晶结构对于酶的作用抵抗力较强，淀粉酶不能直接作用于生淀粉，需要先加热淀粉乳，使淀粉糊化。

液化酶的作用机理：从淀粉内部开始分解淀粉的 $\alpha$-1,4 糖苷键，不能作用于分支处 $\alpha$-1,6 糖苷键，但能越过此键继续水解其余的 $\alpha$-1,4 糖苷键。因为是从淀粉内部开始作用，所以又称为内切酶。

糖化酶的作用机理：从淀粉非还原末端以葡萄糖为单位顺次分解淀粉的 $\alpha$-1,4 糖苷键或 $\alpha$-1,6 糖苷键。因为是从链的一端逐渐地一个个地切断为葡萄糖，所以称为外切酶。

淀粉糖的制备则是液化酶和糖化酶作用于淀粉使之水解的过程。

## 三、实验仪器、试剂及材料

### 1. 实验仪器

恒温水浴锅，天平，25L 罐，小型板框过滤机，烘箱，水桶，量筒，分光光度计，阿贝折光仪，滴定管，电炉，白瓷板，三角瓶。

### 2. 实验试剂

(1)稀释的 $\alpha$-淀粉酶液和糖化酶液。

(2)10% 盐酸溶液。

(3)1mol/L 氯化钠溶液。

(4)碘液试剂。

(5)1mol/L 氯化钙。

(6)pH 试纸。

### 3. 实验材料

玉米淀粉。

## 四、实验方法与步骤

### 1. 淀粉的酶液化

将淀粉调成含量为30%~40%的淀粉乳，用10%的盐酸溶液调节淀粉乳的pH 6.0~6.5，加入1mol/L氯化钙溶液调节钙离子含量为0.01mol/L，目的是保护α-淀粉酶的活性。再加入约0.1%的高温α-淀粉酶，在搅拌条件下，先用恒温水浴锅将淀粉乳加热到72℃左右，使淀粉糊黏度达到最大限度，保持约15min。当黏度开始下降，温度升高到85~90℃，在此温度下保持30min，以达到所需的液化程度（DE值：15%~18%），碘反应呈棕红色。然后用10%盐酸调节pH值到3.0终止液化反应，或液化结束后升温至120℃，保持5~8min，以凝聚蛋白质，改进过滤。在液化过程中，用碘液检测水解产物的颜色反应。

取20g液化液，4℃下8 000r/min离心20min，弃去沉淀，并烘干清液，称重，记为W，计算液化得率。

### 2. 淀粉的糖化

液化结束后，迅速将料液用盐酸将pH值调至4.2~4.5，同时迅速降温至60℃。加入糖化酶，60℃保温若干小时后直至用无水酒精检验无糊精存在时。将料液pH调至4.8~5.0，同时，将料液加热至80℃，保温20min，然后将料液温度降至60~70℃开始过滤。

### 3. 过滤

在发酵罐内将料液冷却至60~70℃；洗净板框过滤机，装好滤布；接好板框压滤机的管道；泵料过滤；热水洗涤（60~70℃）；空气吹干；过滤结束后，洗净过滤机及有关设备。量取糖液体积；取样分析还原糖含量。

## 五、实验现象与结果

（1）记录液化现象和不同液化阶段的颜色反应。

（2）测定液化反应终点（碘反应）。

（3）计算淀粉水解液化得率。

按式（6-11）计算：

$$液化得率 = \frac{W_1}{W} \times 100\% \tag{6-11}$$

式中：$W$——原淀粉质量，g；

$W_1$——液化产物质量，g。

（4）糖化终点测定（无水乙醇检验）。

（5）还原糖的测定。

在详细记录实验数据的基础上完成实验报告。计算淀粉转化率。

## 【思考与讨论】

1. 影响液化酶作用效率的因素有哪些？
2. 不同液化产物颜色有何差别？为什么？
3. 试述糖化酶用量及糖化时间对糖化效果的影响。
4. 试述糖化时温度及 pH 值对实验效果的影响。

# 实验四十九　淀粉糖化液 *DE* 值测定

## 一、实验目的

掌握 3,5 -二硝基水杨酸法测定 *DE* 值的基本原理、操作方法和分光光度计的使用。

## 二、实验原理

*DE* 值即淀粉水解产物中还原糖(以葡萄糖计)占总固形物量的百分比。淀粉完全水解时，其 *DE* 值达 115。还原糖的测定是糖定量测定的基本方法。利用糖的溶解度不同，可将植物样品中的单糖、双糖和多糖分别提取出来，对没有还原性的双糖和多糖，可用酸水解法使其降解成有还原性的单糖进行测定，再分别求出样品中还原糖和总糖的含量(还原糖以葡萄糖含量计)。

还原糖在碱性条件下加热被氧化成精酸及其他产物，3,5 -二硝基水杨酸则被还原为棕红色的 3 -氨基 -5 -硝基水杨酸。在一定范围内，还原糖的量与棕红色物质颜色的深浅成 IF 比关系，利用分光光度计，在 540nm 波长下测定光密度值，查对标准曲线并计算，便可求出样品中还原糖的含量。

## 三、实验仪器、试剂与材料

### 1. 实验仪器

具塞玻璃刻度试管(20mL)，大离心管(50mL)，烧杯(100mL)，三角瓶(100mL)，容量瓶(100mL)，刻度吸管(1mL、2mL、10mL)，恒温水浴锅，离心机，天平，分光光度计。

### 2. 实验试剂

(1)1mg/mL 葡萄糖标准液　准确称取 80℃烘至恒重的分析纯葡萄糖 100mg，置于小烧杯中，加少量蒸馏水溶解后，转移到 100mL 容量瓶中，用蒸馏水定容至 100mL 混匀，放入 4℃冰箱中保存备用。

(2)3,5 -二硝基水杨酸(DNS)试剂　将 6.3g DNS 和 2mol/L 氢氧化钠溶液 262mL，加到 500mL 含有 185g 酒石酸钾钠的热水溶液中，再加 5g 结晶酚和 5g 亚硫酸钠，搅拌溶解，冷却后加蒸馏水定容至 1 000mL，贮于棕色瓶中备用。

(3)碘-碘化钾溶液　称取 5g 碘和 10g 碘化钾，溶于 100mL 蒸馏水中。

(4)酚酞指示剂　称取 0.1g 酚酞，溶于 250mL 70% 乙醇中。

(5)6mol/L 盐酸溶液和 6mol/L 氢氧化钠溶液各 100mL。

(6)精密 pH 试纸。

### 3. 实验材料

淀粉水解产物：事先采用烘干法测干基百分含量。

## 四、实验方法与步骤

### 1. 制作葡萄糖标准曲线

取 7 支 20mL 具塞刻度试管编号，按表 6 - 4 分别加入含量为 1mg/mL 的葡萄糖标准液、蒸馏水和 3,5 -二硝基水杨酸（DNS）试剂，配成不同葡萄糖含量的反应液。

将各管摇匀，在沸水浴中准确加热 5min 取出，冷却至室温，用蒸馏水定容至 20mL，加塞后颠倒混匀，在分光光度计上进行比色。调波长 540nm，用 0 号管调零点，测出 1~6 号管的光密度值。以光密度值为纵坐标，葡萄糖含量（mg）为横坐标，绘出标准曲线。

**表 6 - 4　葡萄糖标准曲线制作**

| 管号 | 1mg/mL 葡萄糖标准液/mL | 蒸馏水/mL | DNS/mL | 葡萄糖含量/mg | 光密度值（$OD_{540nm}$） |
|---|---|---|---|---|---|
| 0 | 0 | 2 | 1.5 | 0 | |
| 1 | 0.2 | 1.8 | 1.5 | 0.2 | |
| 2 | 0.4 | 1.6 | 1.5 | 0.4 | |
| 3 | 0.6 | 1.4 | 1.5 | 0.6 | |
| 4 | 0.8 | 1.2 | 1.5 | 0.8 | |
| 5 | 1.0 | 1.0 | 1.5 | 1.0 | |
| 6 | 1.2 | 0.8 | 1.5 | 1.2 | |

### 2. 样品中还原糖的测定

（1）还原糖的提取　准确称取 100g 淀粉水解产物，放入 100mL 容量瓶中，用蒸馏水定容至刻度，混匀，将定容后的水解液过滤，作为还原糖待测液。

（2）显色和比色　取 4 支 20mL 具塞刻度试管，编号，按表 6-5 所示分别加入待测液和显色剂，空白调零可使用制作标准曲线的 0 号管。加热、定容和比色等其余操作与制作标准曲线相同。

**表 6 - 5　样品测定**

| 管号 | 还原糖待测液/mL | 蒸馏水/mL | DNS/mL | 葡萄糖含量/mg | 光密度值（$OD_{540nm}$） |
|---|---|---|---|---|---|
| 7 | 0.5 | 1.5 | 1.5 | | |
| 8 | 0.5 | 1.5 | 1.5 | | |
| 9 | 0.5 | 1.5 | 1.5 | | |
| 10 | 0.5 | 1.5 | 1.5 | | |

## 五、实验现象与结果

计算出 7、8 号管光密度值的平均值和 9、10 管光密度值的平均值，在标准曲线上分别查出相应的还原糖毫克数，按式（6-12）计算出样品中还原糖的百分含量：

$$还原糖 = \frac{查曲线所得葡萄糖毫克数 \times \dfrac{提取液总体积}{测定时取用体积}}{糖化液毫克数 \times 糖化液干基百分含量} \times 100\% \qquad (6-12)$$

## 【注意事项】

1. 离心时对称位置的离心管必须配平。
2. 标准曲线制作与样品测定应同时进行显色，并使用同一空白调零点和比色。

## 【思考与讨论】

1. 3,5 -二硝基水杨酸比色法测定还原糖的原理是什么？
2. 如何正确绘制和使用标准曲线？

# 参考文献

GB 500912—2010 食品安全国家标准 食品中铅的测定[S].

GB 50093—2010 食品安全国家标准 食品中水分的测定[S].

GB/T 14490—2008 粮油检验 谷物及淀粉糊化特性测定黏度仪法[S].

GB/T 14614.4—2005 小麦粉面团流变特性测定 吹泡仪法[S].

GB/T 14614—2006 小麦粉 面团的物理特性 吸水量和流变学特性的测定 粉质仪法[S].

GB/T 14615—2006 小麦粉 面团的物理特性 流变学特性的测定 拉伸仪法[S].

GB/T 21118—2007 小麦粉馒头[S].

GB/T 21121—2007 动植物油脂 氧化稳定性的测定(加速氧化测试)[S].

GB/T 24535—2009 粮油检验 稻谷粒型检验方法[S].

GB/T 24896—2010 粮油检验 稻谷水分含量测定 近红外法[S].

GB/T 24897—2010 粮油检验 稻谷粗蛋白质含量测定 近红外法[S].

GB/T 24902—2010 粮油检验 玉米粗脂肪含量测定 近红外法[S].

GB/T 25219—2010 粮油检验 玉米淀粉含量测定 近红外法[S].

GB/T 5009.11—2003 食品安全国家标准 食品中总砷及无机砷的测定[S].

GB/T 5490—2010 粮油检验一般规则[S].

GB/T 5506.1—2008 小麦和小麦粉 面筋含量 第1部分：手洗法测定湿面筋[S].

GB/T 5506.2—2008 小麦和小麦粉 面筋含量 第2部分：仪器法测定湿面筋[S].

GB/T 5506.3—2008 小麦和小麦粉 面筋含量 第3部分：烘箱干燥法测定干面筋[S].

GB/T 5506.4—2008 小麦和小麦粉 面筋含量 第4部分：快速干燥法测定干面筋[S].

GB/T 5509—2008 粮油检验 粉类磁性金属物测定[S].

GB/T 5512—2008 粮油检验 粮食中粗脂肪含量测定[S].

GB/T 5513—2008 粮油检验 粮食中还原糖和非还原糖测定[S].

GB/T 5525—2008 植物油脂 透明度、气味、滋味鉴定法[S].

ISO 13690 Cereals, pulses and milled products – Sampling of static batches.

国家质量监督检验检疫总局职业技能鉴定指导中心. 2005. 食品质量检验：粮油及制品类[M]. 北京：中国计量出版社.

国娜. 2011. 粮油质量检验[M]. 北京：化学工业出版社.

韩计州. 2006. 粮食及制品质量检验[M]. 北京：中国计量出版社.

李浪. 2008. 小麦面粉品质改良与检验技术[M]. 北京：化学工业出版社.

卢利军，牟峻. 2009. 粮油及其制品质量与检验[M]. 北京：化学工业出版社.

马涛. 2009. 粮油食品检验[M]. 北京：化学工业出版社.

宋玉卿，王立琦. 2008. 粮油检验与分析[M]. 北京：中国轻工业出版社.

王静，袁小平. 2010. 粮油食品质量安全检测技术[M]. 北京：化学工业出版社.

曾洁. 2009. 粮油加工实验技术[M]. 北京：中国农业大学出版社.

翟爱华，谢宏. 2011. 粮油检验[M]. 北京：科学出版社.

张世宏. 2011. 粮油品质检测技术[M]. 武汉：湖北科学技术出版社.

# 附录 A 粮食、油料质量检验程序

## A.1 稻谷检验程序

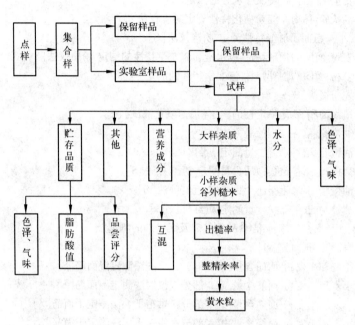

## A.2 小麦、玉米检验程序

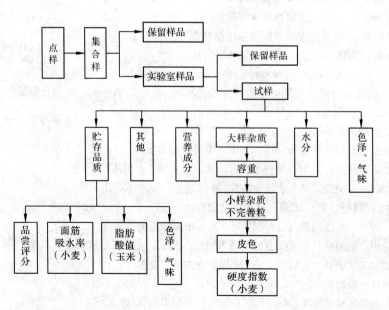

## A.3 大豆检验程序

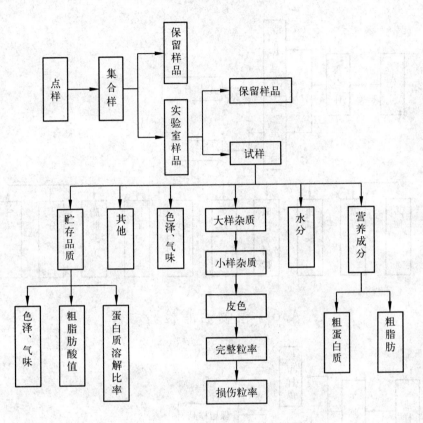

## A.4 米类检验程序

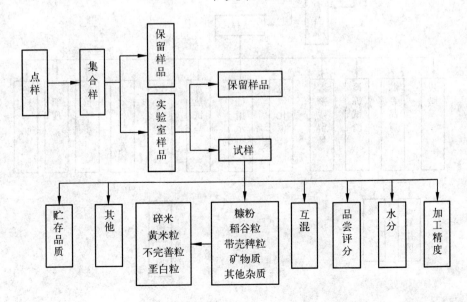

## A.5 小麦粉检验程序

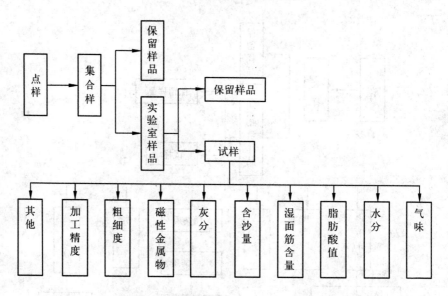

## A.6 植物油脂检验程序

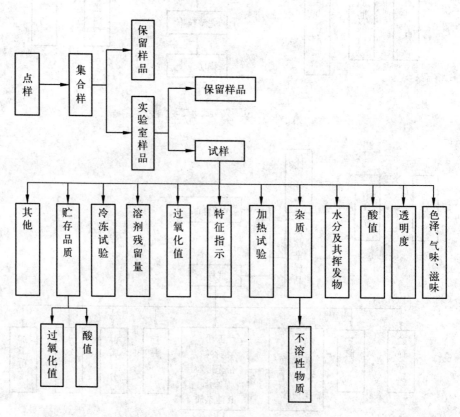

# 附录 B  资料性附录

### 表 B.1  0.1mol/L 铁氰化钾与还原糖含量对照表

| 0.1mol/L $K_3Fe(CN)_6$/mL | 还原糖/% | 0.1mol/L $K_3Fe(CN)_6$/mL | 还原糖/% | 0.1mol/L $K_3Fe(CN)_6$/mL | 还原糖/% | 0.1mol/L $K_3Fe(CN)_6$/mL | 还原糖/% |
|---|---|---|---|---|---|---|---|
| 0.10 | 0.05 | 2.30 | 1.16 | 4.50 | 2.37 | 6.70 | 3.79 |
| 0.20 | 0.10 | 2.40 | 1.21 | 4.60 | 2.44 | 6.80 | 3.85 |
| 0.30 | 0.15 | 2.50 | 1.26 | 4.70 | 2.51 | 6.90 | 3.92 |
| 0.40 | 0.20 | 2.60 | 1.30 | 4.80 | 2.57 | 7.00 | 3.98 |
| 0.50 | 0.25 | 2.70 | 1.35 | 4.90 | 2.64 | 7.10 | 4.06 |
| 0.60 | 0.31 | 2.80 | 1.40 | 5.00 | 2.70 | 7.20 | 4.12 |
| 0.70 | 0.36 | 2.90 | 1.45 | 5.10 | 2.76 | 7.30 | 4.18 |
| 0.80 | 0.41 | 3.00 | 1.51 | 5.20 | 2.82 | 7.40 | 4.25 |
| 0.90 | 0.46 | 3.10 | 1.56 | 5.30 | 2.88 | 7.50 | 4.31 |
| 1.00 | 0.51 | 3.20 | 1.61 | 5.40 | 2.95 | 7.60 | 4.38 |
| 1.10 | 0.56 | 3.30 | 1.66 | 5.50 | 3.02 | 7.70 | 4.45 |
| 1.20 | 0.60 | 3.40 | 1.71 | 5.60 | 3.08 | 7.80 | 4.51 |
| 1.30 | 0.65 | 3.50 | 1.76 | 5.70 | 3.15 | 7.90 | 4.58 |
| 1.40 | 0.71 | 3.60 | 1.82 | 5.80 | 3.22 | 8.00 | 4.65 |
| 1.50 | 0.76 | 3.70 | 1.88 | 5.90 | 3.28 | 8.10 | 4.72 |
| 1.60 | 0.80 | 3.80 | 1.95 | 6.00 | 3.34 | 8.20 | 4.78 |
| 1.70 | 0.85 | 3.90 | 2.01 | 6.10 | 3.41 | 8.30 | 4.85 |
| 1.80 | 0.90 | 4.00 | 2.07 | 6.20 | 3.47 | 8.40 | 4.92 |
| 1.90 | 0.96 | 4.10 | 2.13 | 6.30 | 3.53 | 8.50 | 4.99 |
| 2.00 | 1.01 | 4.20 | 2.18 | 6.40 | 3.60 | 8.60 | 5.05 |
| 2.10 | 1.06 | 4.30 | 2.25 | 6.50 | 3.67 | 8.70 | 5.12 |
| 2.20 | 1.11 | 4.40 | 2.31 | 6.60 | 3.73 | 8.80 | 5.19 |

注：还原糖含量以麦芽糖计算。

表 B.2　0.1mol/L 铁氰化钾与非还原糖含量对照表

| 0.1mol/L K₃Fe(CN)₆/mL | 还原糖 /% | 0.1mol/L K₃Fe(CN)₆/mL | 还原糖 /% | 0.1mol/L K₃Fe(CN)₆/mL | 还原糖 /% | 0.1mol/L K₃Fe(CN)₆/mL | 还原糖 /% |
|---|---|---|---|---|---|---|---|
| 0.10 | 0.05 | 2.30 | 1.09 | 4.50 | 2.14 | 6.70 | 3.18 |
| 0.20 | 0.10 | 2.40 | 1.14 | 4.60 | 2.18 | 6.80 | 3.23 |
| 0.30 | 0.15 | 2.50 | 1.19 | 4.70 | 2.23 | 6.90 | 3.28 |
| 0.40 | 0.19 | 2.60 | 1.23 | 4.80 | 2.28 | 7.00 | 3.33 |
| 0.50 | 0.24 | 2.70 | 1.28 | 4.90 | 2.33 | 7.10 | 3.37 |
| 0.60 | 0.29 | 2.80 | 1.33 | 5.00 | 2.38 | 7.20 | 3.42 |
| 0.70 | 0.34 | 2.90 | 1.38 | 5.10 | 2.42 | 7.30 | 3.47 |
| 0.80 | 0.38 | 3.00 | 1.43 | 5.20 | 2.47 | 7.40 | 3.52 |
| 0.90 | 0.43 | 3.10 | 1.48 | 5.30 | 2.51 | 7.50 | 3.57 |
| 1.00 | 0.48 | 3.20 | 1.52 | 5.40 | 2.56 | 7.60 | 3.62 |
| 1.10 | 0.52 | 3.30 | 1.57 | 5.50 | 2.61 | 7.70 | 3.67 |
| 1.20 | 0.57 | 3.40 | 1.61 | 5.60 | 2.66 | 7.80 | 3.72 |
| 1.30 | 0.62 | 3.50 | 1.66 | 5.70 | 2.70 | 7.90 | 3.77 |
| 1.40 | 0.67 | 3.60 | 1.71 | 5.80 | 2.75 | 8.00 | 3.82 |
| 1.50 | 0.71 | 3.70 | 1.76 | 5.90 | 2.80 | 8.10 | 3.87 |
| 1.60 | 0.76 | 3.80 | 1.81 | 6.00 | 2.85 | 8.20 | 3.92 |
| 1.70 | 0.81 | 3.90 | 1.85 | 6.10 | 2.90 | 8.30 | 3.97 |
| 1.80 | 0.86 | 4.00 | 1.90 | 6.20 | 2.94 | 8.40 | 4.02 |
| 1.90 | 0.91 | 4.10 | 1.95 | 6.30 | 2.99 | 8.50 | 4.07 |
| 2.00 | 0.95 | 4.20 | 2.00 | 6.40 | 3.04 | | |
| 2.10 | 1.00 | 4.30 | 2.04 | 6.50 | 3.09 | | |
| 2.20 | 1.04 | 4.40 | 2.09 | 6.60 | 3.13 | | |

注：非还原糖含量以蔗糖计算。

### 表 B.3 相当于氧化亚铜质量的葡萄糖、果糖、转化糖质量 mg

| 氧化亚铜 | 葡萄糖 | 果糖 | 转化糖 | 氧化亚铜 | 葡萄糖 | 果糖 | 转化糖 | 氧化亚铜 | 葡萄糖 | 果糖 | 转化糖 |
|---|---|---|---|---|---|---|---|---|---|---|---|
| 11.3 | 4.6 | 5.1 | 5.2 | 54.0 | 23.1 | 24.5 | 24.5 | 96.8 | 42.0 | 46.1 | 44.1 |
| 12.4 | 5.1 | 5.6 | 5.7 | 55.2 | 23.6 | 26.0 | 25.0 | 97.9 | 42.5 | 46.7 | 44.7 |
| 13.5 | 5.6 | 6.1 | 6.2 | 56.3 | 24.1 | 26.5 | 25.5 | 99.1 | 43.0 | 47.2 | 45.2 |
| 14.6 | 6.0 | 6.7 | 6.7 | 57.4 | 24.6 | 27.1 | 26.0 | 100.2 | 43.5 | 47.8 | 45.7 |
| 15.8 | 6.5 | 7.2 | 7.2 | 58.5 | 25.1 | 27.6 | 26.5 | 101.3 | 44.0 | 48.3 | 46.2 |
| 16.9 | 7.0 | 7.7 | 7.7 | 59.7 | 25.6 | 28.2 | 27.0 | 102.5 | 44.5 | 48.9 | 46.7 |
| 18.0 | 7.5 | 8.3 | 8.3 | 60.8 | 26.1 | 28.7 | 27.6 | 103.6 | 45.0 | 49.4 | 47.3 |
| 19.1 | 8.0 | 8.9 | 8.7 | 61.9 | 26.5 | 29.2 | 28.1 | 104.7 | 45.5 | 50.0 | 47.8 |
| 20.3 | 8.5 | 9.3 | 9.2 | 63.0 | 27.0 | 29.8 | 28.6 | 105.8 | 46.0 | 50.5 | 48.3 |
| 21.4 | 8.9 | 9.9 | 9.7 | 64.2 | 27.5 | 30.3 | 29.1 | 107.0 | 46.5 | 51.0 | 48.8 |
| 22.5 | 9.4 | 10.4 | 10.2 | 65.3 | 28.0 | 30.9 | 29.6 | 108.1 | 47.0 | 51.6 | 49.4 |
| 23.6 | 9.9 | 10.9 | 10.7 | 66.4 | 28.5 | 31.4 | 30.1 | 109.2 | 47.5 | 52.2 | 49.9 |
| 24.8 | 10.4 | 11.5 | 11.2 | 67.6 | 29.0 | 31.9 | 30.6 | 110.3 | 48.0 | 52.7 | 50.4 |
| 25.9 | 10.9 | 12.0 | 11.7 | 68.7 | 29.5 | 32.5 | 31.2 | 111.5 | 48.5 | 53.3 | 50.9 |
| 27.0 | 11.4 | 12.5 | 12.3 | 69.8 | 30.0 | 33.0 | 31.7 | 112.6 | 49.0 | 53.8 | 51.5 |
| 28.1 | 11.9 | 13.1 | 12.8 | 70.9 | 30.5 | 33.6 | 32.2 | 113.7 | 49.5 | 54.4 | 52.0 |
| 29.3 | 12.3 | 13.6 | 13.3 | 72.1 | 31.0 | 34.1 | 32.7 | 114.8 | 50.0 | 54.9 | 52.5 |
| 30.4 | 12.8 | 14.2 | 13.8 | 73.2 | 31.5 | 34.7 | 33.2 | 116.0 | 50.6 | 55.5 | 53.0 |
| 31.5 | 13.3 | 14.7 | 14.3 | 74.3 | 32.0 | 35.2 | 33.7 | 117.1 | 51.1 | 56.0 | 53.6 |
| 32.6 | 13.6 | 15.2 | 14.8 | 75.4 | 32.5 | 35.8 | 34.3 | 118.2 | 51.6 | 56.6 | 54.1 |
| 33.8 | 14.3 | 15.8 | 15.3 | 76.6 | 33.0 | 36.3 | 34.8 | 119.3 | 52.1 | 57.1 | 54.6 |
| 34.9 | 14.8 | 16.3 | 15.8 | 77.7 | 33.5 | 36.8 | 35.3 | 120.5 | 52.6 | 57.7 | 55.2 |
| 36.0 | 15.3 | 16.8 | 16.3 | 78.8 | 34.0 | 37.4 | 35.8 | 121.6 | 53.1 | 58.2 | 55.7 |
| 37.2 | 15.7 | 17.4 | 16.8 | 79.9 | 34.5 | 37.9 | 36.3 | 122.7 | 53.6 | 58.8 | 56.2 |
| 38.3 | 16.2 | 17.9 | 17.3 | 81.1 | 35.0 | 38.5 | 36.8 | 123.8 | 54.1 | 59.3 | 56.7 |
| 39.4 | 16.7 | 18.4 | 17.8 | 82.2 | 35.5 | 39.0 | 37.4 | 125.0 | 54.6 | 59.9 | 57.3 |
| 40.5 | 17.2 | 19.0 | 18.3 | 83.3 | 36.0 | 39.6 | 37.9 | 126.1 | 55.1 | 60.4 | 57.8 |
| 41.7 | 17.7 | 19.5 | 18.9 | 84.4 | 36.5 | 40.1 | 38.4 | 127.2 | 55.6 | 61.0 | 58.3 |
| 42.8 | 18.2 | 20.1 | 19.4 | 85.6 | 37.0 | 40.7 | 38.9 | 128.3 | 56.1 | 61.6 | 58.9 |
| 43.9 | 18.7 | 20.6 | 19.9 | 86.7 | 37.5 | 41.2 | 39.4 | 129.5 | 56.7 | 62.1 | 59.4 |
| 45.0 | 19.2 | 21.1 | 20.4 | 87.8 | 38.0 | 41.7 | 40.0 | 130.6 | 57.2 | 62.7 | 59.9 |
| 46.2 | 19.7 | 21.7 | 20.9 | 88.9 | 38.5 | 42.3 | 40.5 | 131.7 | 57.7 | 63.2 | 60.4 |
| 47.3 | 20.1 | 22.2 | 21.4 | 90.1 | 39.0 | 42.8 | 41.0 | 132.8 | 58.2 | 63.8 | 61.0 |
| 48.4 | 20.6 | 22.8 | 21.9 | 91.2 | 39.5 | 43.4 | 41.5 | 134.0 | 58.7 | 64.3 | 61.5 |
| 49.5 | 21.1 | 23.3 | 22.4 | 92.3 | 40.0 | 43.9 | 42.0 | 135.1 | 59.2 | 64.9 | 62.0 |
| 50.7 | 21.6 | 23.8 | 22.9 | 93.4 | 40.5 | 44.5 | 42.6 | 136.2 | 59.7 | 65.4 | 62.6 |
| 51.8 | 22.1 | 24.4 | 23.5 | 94.6 | 41.0 | 45.0 | 43.1 | 137.4 | 60.2 | 66.0 | 63.1 |
| 52.9 | 22.6 | 24.9 | 24.0 | 95.7 | 41.5 | 45.5 | 43.6 | 138.5 | 60.7 | 44.0 | 63.6 |

（续）

| 氧化亚铜 | 葡萄糖 | 果糖 | 转化糖 | 氧化亚铜 | 葡萄糖 | 果糖 | 转化糖 | 氧化亚铜 | 葡萄糖 | 果糖 | 转化糖 |
|---|---|---|---|---|---|---|---|---|---|---|---|
| 139.6 | 61.3 | 67.1 | 64.7 | 185.8 | 82.5 | 90.1 | 86.2 | 233.1 | 104.8 | 114.0 | 109.3 |
| 140.7 | 61.8 | 67.7 | 64.7 | 186.9 | 83.1 | 90.6 | 86.8 | 234.2 | 105.4 | 114.6 | 109.8 |
| 141.9 | 62.3 | 68.2 | 65.2 | 188.0 | 83.6 | 91.2 | 87.3 | 235.3 | 105.9 | 115.2 | 110.4 |
| 143.0 | 62.8 | 69.6 | 66.8 | 189.1 | 84.1 | 91.8 | 87.8 | 236.4 | 106.5 | 115.7 | 110.9 |
| 144.1 | 63.3 | 69.3 | 66.3 | 190.3 | 84.6 | 92.3 | 88.4 | 237.6 | 107.0 | 116.3 | 111.5 |
| 145.2 | 63.8 | 69.9 | 66.8 | 191.4 | 85.2 | 92.9 | 88.9 | 238.7 | 107.5 | 116.9 | 112.1 |
| 147.5 | 64.9 | 71.0 | 67.9 | 192.5 | 85.7 | 93.5 | 89.5 | 239.8 | 108.1 | 117.5 | 112.6 |
| 148.6 | 65.4 | 71.6 | 68.4 | 193.6 | 86.2 | 94.0 | 90.0 | 240.9 | 108.6 | 118.0 | 113.2 |
| 149.7 | 65.9 | 72.1 | 69.0 | 194.8 | 86.7 | 94.6 | 90.6 | 242.1 | 109.2 | 118.6 | 113.7 |
| 150.9 | 66.4 | 72.7 | 69.5 | 195.9 | 87.3 | 95.2 | 91.1 | 243.1 | 109.7 | 119.2 | 114.3 |
| 152.0 | 66.9 | 73.2 | 70.0 | 197.0 | 87.8 | 95.7 | 91.7 | 244.3 | 110.2 | 119.8 | 114.9 |
| 153.1 | 67.4 | 73.8 | 70.6 | 198.1 | 88.3 | 96.3 | 92.2 | 245.4 | 110.8 | 120.3 | 115.4 |
| 154.2 | 68.0 | 74.3 | 71.1 | 199.3 | 88.9 | 96.9 | 92.8 | 246.6 | 111.3 | 120.9 | 116.0 |
| 155.4 | 68.5 | 74.9 | 71.6 | 200.4 | 89.4 | 97.4 | 93.3 | 247.7 | 111.9 | 121.5 | 116.5 |
| 156.5 | 69.0 | 75.5 | 72.2 | 201.5 | 89.9 | 98.0 | 93.8 | 248.8 | 112.4 | 122.1 | 117.1 |
| 157.6 | 69.5 | 76.0 | 72.7 | 202.7 | 90.4 | 98.6 | 94.4 | 249.9 | 112.9 | 122.6 | 117.6 |
| 158.7 | 70.0 | 76.6 | 73.2 | 203.8 | 91.0 | 99.2 | 94.9 | 251.1 | 113.5 | 123.2 | 118.2 |
| 159.9 | 70.5 | 77.1 | 73.8 | 204.9 | 91.5 | 99.7 | 95.5 | 252.2 | 114.0 | 123.8 | 118.8 |
| 161.0 | 71.1 | 77.7 | 74.3 | 206.0 | 92.0 | 100.3 | 96.0 | 253.3 | 114.6 | 124.4 | 119.3 |
| 162.1 | 71.6 | 78.3 | 74.9 | 207.2 | 92.6 | 100.9 | 96.6 | 254.4 | 115.1 | 125.0 | 119.9 |
| 163.2 | 72.1 | 78.8 | 75.4 | 208.3 | 93.1 | 101.4 | 97.1 | 255.6 | 115.7 | 125.5 | 120.4 |
| 164.4 | 72.6 | 79.4 | 75.9 | 209.4 | 93.6 | 102.0 | 97.7 | 256.7 | 116.2 | 126.1 | 121.0 |
| 165.5 | 73.1 | 80.0 | 76.5 | 210.5 | 94.2 | 102.6 | 98.2 | 257.8 | 116.7 | 126.7 | 121.6 |
| 166.6 | 73.7 | 80.5 | 77.0 | 211.7 | 94.7 | 103.1 | 98.8 | 258.9 | 117.3 | 127.3 | 122.1 |
| 167.8 | 74.2 | 81.1 | 77.6 | 212.8 | 95.2 | 103.7 | 99.3 | 260.1 | 117.8 | 127.9 | 122.7 |
| 168.9 | 74.7 | 81.6 | 78.1 | 213.9 | 95.7 | 104.3 | 99.9 | 261.2 | 118.4 | 128.4 | 123.3 |
| 170.0 | 75.2 | 82.2 | 78.6 | 215.0 | 96.3 | 104.8 | 100.4 | 262.3 | 118.9 | 129.0 | 123.8 |
| 171.1 | 75.7 | 82.8 | 79.2 | 216.2 | 96.8 | 105.4 | 101.0 | 264.6 | 120.0 | 130.2 | 124.9 |
| 172.3 | 76.3 | 83.3 | 79.7 | 217.3 | 97.3 | 106.0 | 101.5 | 265.7 | 120.6 | 130.8 | 125.5 |
| 173.4 | 76.8 | 83.9 | 80.3 | 218.4 | 97.9 | 106.6 | 102.1 | 266.8 | 121.1 | 131.3 | 126.1 |
| 174.5 | 77.3 | 84.4 | 80.8 | 219.5 | 98.4 | 107.1 | 102.6 | 268.0 | 121.7 | 131.9 | 126.6 |
| 175.6 | 77.8 | 85.0 | 81.3 | 220.7 | 98.9 | 107.1 | 103.2 | 269.1 | 122.2 | 132.5 | 127.2 |
| 176.8 | 78.3 | 85.6 | 81.9 | 221.8 | 99.5 | 108.3 | 103.7 | 270.2 | 122.7 | 133.1 | 127.8 |
| 177.9 | 78.9 | 86.1 | 82.4 | 222.9 | 100.0 | 108.8 | 104.3 | 271.3 | 123.3 | 133.7 | 128.3 |
| 179.0 | 79.4 | 86.7 | 83.0 | 226.3 | 101.6 | 110.6 | 106.0 | 272.5 | 123.8 | 134.2 | 128.9 |
| 180.1 | 79.9 | 87.3 | 83.5 | 227.4 | 102.2 | 111.1 | 106.5 | 274.7 | 124.9 | 135.4 | 130.0 |
| 181.3 | 80.4 | 87.8 | 84.0 | 228.5 | 102.7 | 111.7 | 107.1 | 275.8 | 125.5 | 136.0 | 130.6 |
| 182.4 | 81.0 | 88.4 | 84.6 | 229.7 | 103.2 | 112.3 | 107.6 | 277.0 | 126.0 | 136.6 | 131.2 |
| 183.5 | 81.5 | 89.0 | 85.1 | 230.8 | 103.8 | 112.9 | 108.2 | 278.1 | 126.6 | 137.2 | 131.7 |
| 184.5 | 82.0 | 89.5 | 85.7 | 231.9 | 104.3 | 113.4 | 108.7 | 279.2 | 127.1 | 137.7 | 132.3 |

（续）

| 氧化亚铜 | 葡萄糖 | 果糖 | 转化糖 | 氧化亚铜 | 葡萄糖 | 果糖 | 转化糖 | 氧化亚铜 | 葡萄糖 | 果糖 | 转化糖 |
|---|---|---|---|---|---|---|---|---|---|---|---|
| 280.3 | 127.7 | 138.3 | 132.9 | 326.5 | 150.5 | 162.5 | 156.4 | 372.7 | 173.9 | 187.0 | 180.4 |
| 281.5 | 128.2 | 138.9 | 133.4 | 327.6 | 151.1 | 163.1 | 157.0 | 373.8 | 174.5 | 187.6 | 181.0 |
| 282.6 | 128.8 | 139.5 | 134.0 | 328.7 | 151.7 | 163.7 | 157.5 | 374.9 | 175.1 | 188.2 | 181.6 |
| 283.7 | 129.3 | 140.1 | 134.6 | 329.9 | 152.2 | 164.3 | 158.1 | 376.0 | 175.7 | 188.8 | 182.2 |
| 284.8 | 129.9 | 140.7 | 135.1 | 331.0 | 152.8 | 164.9 | 158.7 | 377.2 | 176.3 | 189.4 | 182.8 |
| 286.0 | 130.4 | 141.3 | 135.7 | 332.1 | 153.4 | 165.4 | 159.3 | 378.3 | 176.8 | 190.1 | 183.4 |
| 287.1 | 131.0 | 141.8 | 136.3 | 333.3 | 153.9 | 166.0 | 159.9 | 379.4 | 177.4 | 190.7 | 184.0 |
| 288.2 | 131.6 | 142.4 | 136.8 | 334.4 | 154.5 | 166.6 | 160.5 | 380.5 | 178.0 | 191.3 | 184.6 |
| 289.3 | 132.1 | 143.0 | 137.4 | 335.5 | 155.1 | 167.2 | 161.0 | 381.7 | 178.6 | 191.9 | 185.2 |
| 290.5 | 132.7 | 143.6 | 138.0 | 336.6 | 155.6 | 167.8 | 161.6 | 382.8 | 179.2 | 192.5 | 185.8 |
| 291.6 | 133.2 | 144.2 | 138.6 | 337.8 | 156.2 | 168.4 | 162.2 | 383.9 | 179.7 | 193.1 | 186.4 |
| 292.7 | 133.8 | 144.8 | 139.1 | 338.9 | 156.8 | 169.0 | 162.8 | 385.0 | 180.3 | 193.7 | 187.0 |
| 293.8 | 134.3 | 145.4 | 139.7 | 340.0 | 157.3 | 169.6 | 163.4 | 386.2 | 180.9 | 194.3 | 187.6 |
| 295.0 | 134.9 | 145.9 | 140.3 | 341.1 | 157.9 | 170.2 | 164.0 | 387.3 | 181.5 | 194.9 | 188.2 |
| 296.1 | 135.4 | 146.5 | 140.8 | 342.3 | 158.5 | 170.8 | 164.5 | 388.4 | 182.1 | 195.5 | 188.8 |
| 297.2 | 136.0 | 147.1 | 141.4 | 343.4 | 159.0 | 171.4 | 165.1 | 389.5 | 182.7 | 196.1 | 189.4 |
| 298.3 | 136.5 | 147.7 | 142.0 | 344.5 | 159.6 | 172.0 | 165.7 | 390.7 | 183.2 | 196.7 | 190.0 |
| 299.5 | 137.1 | 148.3 | 142.6 | 345.6 | 160.2 | 172.6 | 166.3 | 391.8 | 183.8 | 197.3 | 190.6 |
| 300.6 | 137.7 | 148.9 | 143.1 | 346.8 | 160.7 | 173.2 | 166.9 | 392.9 | 184.4 | 197.9 | 191.2 |
| 301.7 | 138.2 | 149.5 | 143.7 | 347.9 | 161.3 | 173.8 | 167.5 | 394.0 | 185.0 | 198.5 | 191.8 |
| 302.9 | 138.8 | 150.1 | 144.3 | 349.0 | 161.9 | 174.4 | 168.0 | 395.2 | 185.6 | 199.2 | 192.4 |
| 304.0 | 139.3 | 150.6 | 144.8 | 350.1 | 162.5 | 175.0 | 168.6 | 396.3 | 186.2 | 199.8 | 193.0 |
| 305.1 | 139.9 | 151.2 | 145.4 | 351.3 | 163.0 | 175.6 | 169.2 | 397.4 | 186.8 | 200.4 | 193.6 |
| 306.2 | 140.4 | 151.8 | 146.0 | 352.4 | 163.6 | 176.2 | 169.8 | 398.5 | 187.3 | 201.0 | 194.2 |
| 307.4 | 141.0 | 152.4 | 146.6 | 353.5 | 164.2 | 176.8 | 170.4 | 399.7 | 187.9 | 201.6 | 194.8 |
| 308.5 | 141.6 | 153.0 | 147.1 | 354.6 | 164.7 | 177.4 | 171.0 | 400.8 | 188.5 | 202.2 | 195.4 |
| 309.6 | 142.1 | 153.6 | 147.7 | 355.8 | 165.3 | 178.0 | 171.6 | 401.9 | 189.1 | 202.8 | 196.0 |
| 310.7 | 142.7 | 154.2 | 148.3 | 356.9 | 165.9 | 178.6 | 172.2 | 403.1 | 189.7 | 203.4 | 196.6 |
| 311.9 | 143.2 | 154.8 | 148.9 | 358.0 | 166.5 | 179.2 | 172.8 | 404.2 | 190.3 | 204.0 | 197.2 |
| 313.0 | 143.8 | 155.4 | 149.4 | 359.1 | 167.0 | 179.8 | 173.3 | 405.3 | 190.9 | 204.7 | 197.8 |
| 314.1 | 144.4 | 156.0 | 150.0 | 360.3 | 167.6 | 180.4 | 173.9 | 406.4 | 191.5 | 205.3 | 198.4 |
| 315.2 | 144.9 | 156.5 | 150.6 | 361.4 | 168.2 | 181.0 | 174.5 | 407.6 | 192.0 | 205.9 | 199.0 |
| 316.4 | 145.5 | 157.1 | 151.2 | 362.5 | 168.8 | 181.6 | 175.1 | 408.7 | 192.6 | 206.5 | 199.6 |
| 317.5 | 146.0 | 157.7 | 151.8 | 363.6 | 169.3 | 182.2 | 175.7 | 409.8 | 193.2 | 207.1 | 200.2 |
| 318.6 | 146.6 | 158.3 | 152.3 | 364.8 | 169.9 | 182.8 | 176.3 | 410.9 | 193.8 | 207.7 | 200.8 |
| 319.7 | 147.2 | 158.9 | 152.9 | 365.9 | 170.5 | 183.4 | 176.9 | 413.2 | 195.0 | 209.0 | 202.0 |
| 320.9 | 147.7 | 159.5 | 153.5 | 368.2 | 171.6 | 184.6 | 178.1 | 414.3 | 195.6 | 209.6 | 202.6 |
| 323.1 | 148.8 | 160.7 | 154.6 | 369.3 | 172.2 | 185.2 | 178.7 | 415.4 | 196.2 | 210.2 | 203.2 |
| 324.2 | 149.4 | 161.3 | 155.2 | 370.4 | 172.8 | 185.8 | 179.2 | 416.6 | 196.8 | 210.8 | 203.8 |
| 325.4 | 150.0 | 161.9 | 155.8 | 371.5 | 173.4 | 186.4 | 179.8 | 417.7 | 197.4 | 211.4 | 204.4 |

（续）

| 氧化亚铜 | 葡萄糖 | 果糖 | 转化糖 | 氧化亚铜 | 葡萄糖 | 果糖 | 转化糖 | 氧化亚铜 | 葡萄糖 | 果糖 | 转化糖 |
|---|---|---|---|---|---|---|---|---|---|---|---|
| 418.8 | 198.0 | 212.0 | 205.0 | 442.5 | 210.5 | 225.1 | 217.9 | 467.2 | 223.9 | 239.0 | 231.7 |
| 419.9 | 198.5 | 212.6 | 205.7 | 443.6 | 211.1 | 225.7 | 218.5 | 468.4 | 224.5 | 239.7 | 232.3 |
| 421.1 | 199.1 | 213.3 | 206.3 | 444.7 | 211.7 | 226.3 | 219.1 | 469.5 | 225.1 | 240.3 | 232.9 |
| 422.2 | 199.7 | 213.9 | 206.9 | 447.0 | 212.9 | 227.6 | 220.4 | 470.6 | 225.7 | 241.0 | 233.6 |
| 423.3 | 200.3 | 214.5 | 207.5 | 448.1 | 213.5 | 228.2 | 221.0 | 471.7 | 226.3 | 241.6 | 234.2 |
| 424.4 | 200.9 | 215.1 | 208.1 | 449.2 | 214.1 | 228.8 | 221.6 | 472.9 | 227.0 | 242.2 | 234.8 |
| 425.6 | 201.5 | 215.7 | 208.7 | 450.3 | 214.7 | 229.4 | 222.2 | 474.0 | 227.6 | 242.9 | 235.5 |
| 426.7 | 202.1 | 216.3 | 209.3 | 451.5 | 215.3 | 230.1 | 222.9 | 475.1 | 228.2 | 243.6 | 236.1 |
| 427.8 | 202.7 | 217.0 | 209.9 | 452.6 | 215.9 | 230.7 | 223.5 | 476.2 | 228.8 | 244.3 | 236.8 |
| 428.9 | 203.3 | 217.6 | 210.5 | 453.7 | 216.5 | 231.3 | 224.1 | 477.4 | 229.5 | 244.9 | 237.5 |
| 430.1 | 203.9 | 218.2 | 211.1 | 454.8 | 217.1 | 232.0 | 224.7 | 478.5 | 230.1 | 245.6 | 238.1 |
| 431.2 | 204.5 | 218.8 | 211.8 | 456.0 | 217.8 | 232.6 | 225.4 | 479.6 | 230.7 | 246.3 | 238.8 |
| 432.3 | 205.1 | 219.5 | 212.4 | 457.1 | 218.4 | 233.2 | 226.0 | 480.7 | 231.4 | 247.0 | 239.5 |
| 433.5 | 205.7 | 220.1 | 213.0 | 458.2 | 219.0 | 233.9 | 226.6 | 481.9 | 232.0 | 247.8 | 240.2 |
| 434.6 | 206.3 | 220.7 | 213.6 | 459.3 | 219.6 | 234.5 | 227.2 | 483.0 | 232.7 | 248.5 | 240.8 |
| 435.7 | 206.9 | 221.3 | 214.2 | 460.5 | 220.2 | 235.1 | 227.9 | 484.1 | 233.3 | 249.2 | 241.5 |
| 436.8 | 207.5 | 221.9 | 214.8 | 461.6 | 220.8 | 235.8 | 228.5 | 485.2 | 234.0 | 250.0 | 242.3 |
| 438.0 | 208.1 | 222.6 | 215.4 | 462.7 | 221.4 | 236.4 | 229.2 | 486.4 | 234.7 | 250.8 | 243.0 |
| 439.1 | 208.7 | 223.2 | 216.0 | 463.8 | 222.0 | 237.1 | 229.7 | 487.5 | 235.3 | 251.6 | 243.8 |
| 440.2 | 209.3 | 223.8 | 216.7 | 465.0 | 222.6 | 237.7 | 230.4 | 488.6 | 236.1 | 252.7 | 244.7 |
| 441.3 | 209.9 | 224.4 | 217.3 | 466.1 | 223.3 | 238.4 | 231.0 | 489.7 | 236.9 | 253.7 | 245.8 |

# 附录 C　监控样品的制备

## 一、实验仪器

近红外分析仪。

## 二、监控样品的制备

### 1. 取样

选择品种单一的稻谷，按 GB 5491—2008 规定的方法采样。

### 2. 样品的处理

样品应除去杂质、谷外糙米及破碎粒，分样至每份样品 500g。

### 3. 样品的测试

利用近红外分析仪测定样品的粗蛋白质含量(干基)。

监控样品应至少制备两份,其中一份留作备用。

## 三、监控样品的保存

样品应密封,保存于通风、干燥、阴凉的环境中。保存期不宜超过 1 年。

## 四、监控样品的使用期限

每个监控样品在使用 100 次之后,或者出现生虫、被污染等,应重新制备。

# 附录 D 还原糖的测定——直接滴定法

## 一、实验原理

样品除去蛋白质后,在加热条件下,直接滴定标定过的碱性酒石酸铜溶液,以次甲基蓝作指示剂,使样液中的还原糖与酒石酸铜反应,生成红色的氧化亚铜沉淀,待二价铜全部被还原后,稍过量的还原糖把次甲基蓝还原,溶液由蓝色变为无色,即为滴定终点。根据样液消耗量可计算出还原糖含量。

## 二、实验仪器、试剂

### 1. 实验仪器

电子天平(感量 0.000 1 g),移液管(5 mL),容量瓶(100 mL、1 L),恒温水浴锅,量筒,玻璃珠,滴定管,锥形瓶(250 mL)。

### 2. 实验试剂

(1)碱性酒石酸铜甲液 称取 15 g 硫酸铜($CuSO_4 \cdot 5H_2O$)及 0.05 g 次甲基蓝,溶于水中并稀释到 1 L。

(2)碱性酒石酸铜乙液 称取 50 g 酒石酸钾钠及 75 g 氢氧化钠,溶于水中,再加入 4 g 亚铁氰化钾,完全溶解后,用水稀释至 1 L,贮存于橡皮塞玻璃瓶中。

(3)乙酸锌溶液 称取 21.9 g 乙酸锌,加 3 mL 冰醋酸,加水溶解并稀释到 100 mL。

(4)亚铁氰化钾溶液 称取 10.6 g 亚铁氰化钾,溶于水中,稀释至 100 mL。

(5)0.1% 葡萄糖标准溶液 准确称取 1.000 0 g 经过 98~100℃ 干燥至恒重的无水葡萄糖,加水溶解后移入 1 L 容量瓶中,加入 5 mL 盐酸,用水稀释至 1 L。

### 三、实验方法与步骤

**1. 样品处理**

(1)乳类、乳制品及含蛋白质的食品　称取 2.50~5.00g 固体样品(吸取 25~50mL 液体样品),置于 250mL 容量瓶中,加 50mL 水,摇匀。边摇边慢慢加入 5mL 乙酸锌溶液及 5mL 亚铁氢化钾溶液,加水至刻度,混匀。静置 30min,用干燥滤纸过滤,弃去初滤液,滤液备用。

(2)酒精性饮料　吸取 100mL 样品,置于蒸发皿中,用 1mol/L 氢氧化钠溶液中和至中性,在水浴上蒸发至原体积 1/4 后,移入 250mL 容量瓶中,加水至刻度。

(3)含多量淀粉的食品　称取 10.00~20.00g 样品,置于 250mL 容量瓶中,加 200mL 水,在 45℃ 水浴中加热 1h,并时时振摇。冷后加水至刻度,混匀,静置,沉淀。吸取 200mL 上清液于另一 250mL 容量瓶中,慢慢加入 5mL 乙酸锌溶液及 5mL 亚铁氢化钾溶液,加水至刻度,混匀,沉淀,静置 30min,用干燥滤纸过滤,弃去初滤液,滤液备用。

(4)汽水等含有二氧化碳的饮料　吸取 100mL 样品置于蒸发皿中,在水浴上除去二氧化碳后,移入 250mL 容量瓶中,并用水洗涤蒸发皿,洗液并入容量瓶中,再加水至刻度,混匀后备用。

**2. 碱性酒石酸铜溶液的标定**

准确吸取碱性酒石酸铜甲液和乙液各 5.0mL,置于 250mL 三角瓶中,加水 10mL,加玻璃珠 3 粒,从滴定管滴定约 9mL 葡萄糖标准溶液,加热使其在 2min 内沸腾,准确沸腾 30s,趁热以每两秒 1 滴的速度继续滴加葡萄糖标准溶液,直至溶液蓝色刚好褪去并出现淡黄色为终点,记录消耗葡萄糖标准溶液的总体积。平行操作 3 次,取其平均值,按下式计算每 10mL(甲、乙液各 5mL)碱性酒石酸铜溶液相当于葡萄糖的质量(mg)。

$$m = V \times m_1$$

式中:$m$——10mL(甲、乙液各 5mL)碱性酒石酸铜溶液相当于葡萄糖的质量,mg;

$V$——平均消耗还原糖标准溶液的体积,mL;

$m_1$——1mL 还原糖标准溶液相当于还原糖的质量,mg。

### 四、实验现象与结果

还原糖含量结果按下式计算:

$$X = \frac{A}{m \times \frac{V}{250} \times 1\,000} \times 100$$

式中:$X$——样品中还原糖的含量(以某种还原糖计),g/100g;

$A$——碱性酒石酸铜溶液(甲、乙液各半)相当于某种还原糖的质量,mg;

$m$——样品质量,单位 g;

$V$——测定时平均消耗样品溶液的体积,单位 mL。

计算结果保留小数点后 1 位数字。